고향, 그리고 뜸부기

고향, 그리고 뜸부기

초판 1쇄 인쇄 발행 | 2026년 2월 5일

지은이 | 김회중
펴낸곳 | 도서출판 지식서관
펴낸이 | 이홍식
디자인 | 윤영화
등록번호 | 1990.11.21 제96호
주소 | 경기도 고양시 덕양구 고양동 61-38
전화 | 031-969-9311 팩스 | 031-969-9313

고향, 그리고 뜸부기

뜸북새는 언제나 고향을 그리며 다시 찾아왔다!

김회중 지음

아득하니 먼 북한산이 불그레 밝아오고 공릉천 얼음 위에서 쉬던 기러기가 날아서 동녘 하늘 태양 아래에 이르면 태양 속에 기러기를 못 넣어 안타까워 발을 동동 굴리던 청룡교…….

교회의 십자가 위로 밝은 태양이 둥실 떠오르고 기러기는 띄엄띄엄 날아와 동녘으로 갈 때 간절히 그 태양 속에 들어가기를 원했던 우리들…… 한 번 두 번, 또 어긋나고…….

태양 속에 들어가도 너무 작게 잡히거나 크게 잡혀도 다음 주 토요일을 기약해야 했다.

해가 중천으로 둥실 뜨면 공릉천 주변에는 계절마다 다른 총 200여 종의 새들이 우리를 반겼다.

개구리매, 잿빛개구리매, 알락개구리매, 말똥가리, 털발말똥가리, 큰말똥가리, 캄차카털발말똥가리, 참매, 붉은배새매, 왕새매, 벌매, 검은어깨매, 흰꼬리(꽁지)수리, 물수리, 때까치, 노랑때까치, 홍때까치, 칡때까치, 물떼까치, 황조롱이, 쇠황조롱이, 수리부엉이, 칡부엉이, 솔부엉이, 쇠올빼미, 금눈쇠올빼미, 밭종다리, 흰등밭종다리, 붉은가슴밭종다리 등등, 만났던 그들을 생각하면 가슴 한편이 뭉클해지며 미안한 생각이 가득하다.

이들을 뒤로 하고 뜸부기만을 먼저 알리고자 함은 머지않아 그들의 사랑 노래가 푸른 사막과 함께 노을 속으로 떠나고 있는 것이 보이기 때문이다.

한 폭의 그림 속에서 들리는 감미로운 소리, 맑고 서늘한 바람이 부는 풍요로운 가을날에 오늘도 25톤 트럭이 흙을 가득 싣고 송촌 들녘을 가로지른다.

왕복 4차선 수도권 외곽순환도로 건설을 위해 문명의 발달은 공존을 묻어버렸다. 부족하지만 그래도 관찰했던 자료가 사장(死藏)되기에는 다소 아쉬움이 남아 책으로 엮어 누군가에게 도움이 될 수 있으려나 하고 조심스럽게 새벽잠과 싸워 본다.

한 장이라도 더 잘 찍겠다고 잠깐씩 숨결을 참아가며 조심스럽게 셔터를 누르기를 10년, 감격의 순간도 참 많았고 아쉬운 순간도 참 많았다.

책이라는 것을 엮어 보면서 한 권의 책이 탄생하기까지 한 사람의 땀과 노력으로는 도저히 이루어질 수 없다는 것을 새삼 느끼게 하였다.

지금 우리나라의 조류와 관련된 책을 살펴보면, 한 권에 여러 종류를 실어서 색깔, 크기, 길이, 특징, 울음 소리(지저귀는 소리), 사랑의 노래 등 기타 촬영 장소를 소개하고 매듭을 짓는 도감 형태인 경우가 많았다.

도감이란 한 종 한 종의 간단한 약력을 소개하는 형태라면, 새들에게도 한 종 한 종마다 사람과 함께 살아온 내력이 있었다.

그 내력을 찾고자 새벽잠과 다툰 거고…….

예쁜 모습으로 나타나면 예쁜 이름을 가졌고, 슬픈 노랫소리에는 슬픈 전설과 이름을 가졌다.

사람과 친숙한 새는 사람과 함께 역사를 만들어 간다.

아득한 옛적부터 조상들의 삶과 함께한 기나긴 시간이 그들의 날개 아래로 강물처럼 흐르고 있었다.

그 흐름에 따뜻한 온기를 싣고 싶다.

봄꽃이 질 때 찾아와서 풍년을 안겨주고 떠나갔다.

그들의 사랑 노래에 울고 웃었다. 막 모내기 끝낸 논을 휘저어 미움도 많이 받았지만, 논둑을 구멍 내는 드렁허리를 잡고, 벼를 갉아먹는 벼메뚜기도 잡고, 모기·쉬파리도 잡아 농부들에게 이로움이 많아 한층 더 사랑도 받았다.

벼슬을 하다가 낙향하여 전원을 즐긴 선비들의 문집을 잘 살피면 더욱 더 많은 자료를 확보할 수 있었음에도 필자에게 주어진 시간이 아쉬웠다. 또한 각 대학 박물관, 고서점에 뒹구는 문집들, 각 문중 및 개인 소장 문집 속에서 뜸부기의 서투른 날갯짓이 잠들어 있었으며 그 책갈피 사이에도 세월은 흐르고 있었다.

주변의 전문가분들의 땀과 노력을 더하였지만 서투른 글로 이제 결실을 남기고자 한다.

처음엔 새의 생태만 책으로 남기고자 하였으나 아무도 시도한 적이 없는 길을 가고자 조심스런 마음이 호기심을 자극하였고, 그 호기심이 박물관을, 헌책방을, 도서관을 찾아가게 하여 이 책을 엮게 된 계기가 되었다.

독자 제현께 많은 질책을 감수할 각오를 하면서 그래도 혹여 '필요한

분들이 계시겠지' 하고 용기를 내어 책이라는 것을 처음 정성으로 엮
어 보이고자 한다.

전설 찾아 수백리 길을 마다 않고 달려가 준 이준영 군, 만 11년 동안
함께한 황인선 교수님, 그리고 수고로움을 마다하지 않은 한호현 선생
님, 언제나 함께했던 두 분께 고마움의 인사를 드린다.

먼저 이 책을 내놓을 수 있게 오랜 세월 동안 기다려 주시고 변함없
이 응원과 따스한 마음으로 믿어 주신 지식서관 이홍식 대표님께도 깊
이 감사드린다.

2026년 1월
달 밝은 갯마을에서 김회중

뜸부기를 찾아서

언제까지나 기다려 줄 것만 같았던 고향!

행주치마에 두 손의 물기를 닦으시며 반기시던 어머님!

초여름이면 진배미 논에 해마다 찾아올 것만 같았던 뜸부기!

추억 속에 메아리가 되어 서산 노을과 함께 사라지려는 뜸부기의 짤막한 꽁지만 움켜잡고 몸부림치는 몇몇 사람들의 안쓰러운 마음을 아는지 모르는지 무심하게도 석양은 논둑을 곱게 물들이고 있었다.

그 옛날 내 고향에도 뜸부기가 울었다.

다래끼 메고 소꼴베러 논둑 길을 걸어가면 이웃집 부전 아저씨댁 진배미 논둑에서 숨넘어가는 듯 콩콩거리던 뜸부기 소리가 생각난다.

앗시논매기(모내기 후 첫 논매기하는 날) 전에 알부터 찾아서 소죽 솥에 익혀 먹을 생각만 했던 어린 시절이었다.

약간 비린 듯한 냄새가 났지만 노른자는 고소해서 입맛을 돋우었다.

할아버지께 한 알 더 먹겠다고 떼를 써서 초등학교 5학년 오후 수업

벼포기 속에서 암컷과 격정적으로 사랑을 나누는 수컷 뜸부기

하던 날, 콩조림 반찬통이 들어 있는 알루미늄 도시락을 둘째 수업 끝나고 10분간 쉬는 시간에 아이들 몰래 먹던 생각이 가슴 한편에 찡하며 저며온다.

2007년 3월 1일, 처음 올림픽공원으로 촬영을 나갔다.

내성농장에 보리를 심어 파릇한 잎들이 돋을 무렵, 종다리가 날아오르는 것이 신기했다.

서울 도심에서 '종다리'라니 말이 안 된다는 생각이 들었다.

넓은 잔디밭에는 황조롱이가 정지 비행 하고 성내천가 무지개다리 근처 플라타너스 고목엔 말똥가리가 언제나 맴돌았다.

서울 도심에 이런 조건의 조류 촬영 장소는 없는 것 같아 창덕궁 창경궁 가는 날 외에 쉬는 날에는 거의 올림픽공원으로 나갔다.

그러던 어느날, 세계일보에 이종렬 기자 · 문화일보 김연수 기자의 서산 뜸부기 사진이 간혹 기사화가 되어 등장할 때, 뜸부기는 동경의 대상이 되었다. 그래서 미련하게 작은 대포만한 커다란 항공용 1,600mm 반사렌즈를 매입하여 서산 간월호 주변 농경지로 갔다.

너무 무거워서 어깨에 메고 조금만 돌아다녀도 몸이 지쳐서 부적합했다.

고생만 하고 뜸부기는 구경도 못하고 서울로 왔다.

그날만 생각하면 뜸부기란 말만 해도 소름이 돋을 만큼 고생한 것이 씁쓸하다. 한두 해가 지나니 고생한 것도 점점 잊혀져 가고 뜸부기 사진이 또 간절하기 시작했다.

4년간 적금 부은 것을 깨니 4백 20만원, 500mm F4 수동렌즈를 팔아 합하니 580만원으로 자동 초점 500mm 중고 렌즈를 구입했다.

2013년 5월 5일은 공휴일이라 올림픽공원에서 조류를 촬영하던 중 이종우 선생님을 만났다. 뜸부기 사진을 찍고 싶다고 했더니 "서울과 가까운 곳인 공릉천으로 가서 논이 많은 수로를 잘 찾아보면 뜸부기를 찍을 수 있을 거라"고 말씀을 하셨다.

지금은 "서산 천수만 농경지와 공릉천 주변 농경지, 그리고 철원 평야 농경지만 뜸부기를 구경할 수 있는 유일한 장소"라고 하시며 아마도 쉽지 않은 인내와 노력이 필요할 거라고 말씀을 하셨다.

하지만 뜸부기는 수로에 있는 것이 아니라 논과 논둑에서만 보였고 간혹 농로에서 깃을 다듬기도 하였다.

11년 동안 5월 중순부터 10월 중순까지 토요일마다 공릉천으로 가서 공릉천 주변 논을 샅샅이 살펴보았다.

둥지를 찾아 알을 촬영할까 하다가 고향이라고 찾아와서 짝을 찾고, 알을 낳고, 새끼를 키우고, 하늘거리는 코스모스를 등지고 추운 겨울을 피하여 머나먼 여정을 떠나는 그들에게 조금이라도 피해를 주고 싶지 않아서 둥지 찾는 것은 그만두었다.

2013년 그해 가을 지인들과 함께 9월 15일(일요일)에 추석을 3~4일 앞두고 공릉천에 갔는데 벼는 제법 노릇하게 익어 온통 가을 냄새다.

차를 배수로 위 제방에 세워놓고 들녘을 바라보니 노란 황금빛으로 물들어 천혜의 장관을 이루고 있었다.

77년 경산 어느 섬유공장에 취업했다가 3개월 만에 그만두고 공무원

벼포기 속에서 암컷(오른쪽)을 쳐다보는 수컷(왼쪽) 뜸부기

시험 본다고 학원에 등록하고 고향에 잠깐 들렀을 때, 황금빛 다락논 들녘에 벼들의 낱알들이 부딪치는 풍년의 아우성과 농익은 가을의 냄새가 온통 내 몸을 휘감았다.

어릴 적 작은 논둑 길이 아우러진 들녘을 바라보았을 때도 이런 풍년이었지.

벼메뚜기를 잡아서 목껍질 사이에 풀줄기로 주렁주렁 꿰어 와서 소죽 끓이던 아궁이 잔불에 구워 먹던 일도 생각났다.

논으로 내려가 농로를 걷다가 논둑에 서서 정신없이 황금 들녘을 사진으로 담고, 고속도로 같은 농로를 중심으로 좌우에 논을 담았다.

수수 심은 논둑을 걸어가는데 어디선가 "뜸, 뜸……" 소리가 나서 소리나는 곳에 가까이 가니 노오란 벼포기 사이에서 뜸부기가 놀라서 날아올랐다.

이것이 공릉천 들녘 뜸부기와의 첫 대면이었다.

"이야, 뜸부기다!"

나도 모르게 큰 소리를 질렀다.

그리고 뜸부기를 구경만 하고 사진에 담지 못했다.

2014년 7월 27일(일요일)에 필자로서는 두 번째, 마냥 들뜬 마음으로 오랜만에 뜸부기를 촬영하고자 4사람이 함께 공릉천 송촌배수지를 지나 제방 위에 차를 세우고 카메라를 삼각대에 장착하여 농로로 걸어 내려왔다.

온통 들녘이 검푸른 물결로 넘실거렸다.

수수대 위로 날아가는 장면을 담았고, 배수로 위 제방에 있던 승렬씨가 400mm 렌즈로 파아란 하늘을 날아가는 뜸부기를 제일 예쁘게 담아냈다.

이것이 뜸부기와 첫 촬영이요 시작이었다.

그 다음은 10월 3일, 뜸하게 가다가 2015년 3월부터 세 사람(필자와 황인선 교수님, 한호현 선생님)은 매주 토요일이면 어김없이 공릉천으로 직행하였다.

오직 우리의 농촌에서 사라져가는 뜸부기를 관찰하기 위해서였다. 강남구청역에서 6시 30분에 단나 공릉천 송촌배수장 뒤 수문에 이르면 7시 20~25분, 먼저 한호현 선생님이 가져온 커피를 한잔한 다음 승용차 트렁크에서 카메라 장비를 챙겨 탑승하고 미끄러지듯 들녘 농로를 아주 천천히 지나면서 봄부터 어떤 새들이 나타나는지를 살펴본다.

3월은 밭종다리·말똥가리·개구리매 종류가 날아들고, 4월은 도요새들이 몰려온다. 5월은 황로와 뜸부기가 날아왔다.

2021년도 가을쯤인 것 같다.

수많은 시간을 뜸부기에만 집중하였으니 이제는 책으로 엮어 보고 싶다고 황 교수님과 한 선생님께 이야기했더니, 기꺼이 동의를 하셨다.

뜸부기에 대한 자료 수집이 시작되면서 도서관과 박물관에 오후 2시부터 탐색을 하여 베끼고 복사하여 집에 와서는 번역을 하였다.

처음 뜸부기 자료를 찾으려고 조류도감이나 사전·사진작가들의 경험담·학자들의 이야기책 등에서 보고 들은 것을 실전에 응용하고자 하였으나 짧은 글 몇 마디로 끝이 나서 매우 안타까웠다.

대학마다 연구 논문이라도 접할 수 있을까 하였으나 뜸부기에 대한 역사나 연구 논문은 찾을 수도 구할 수도 없어 쉽게 호락호락하지 않았다.

뜸부기 자료는 정말 황무지나 다름이 없었다. 어디를 기점으로 시작을 해야 할지 암울한 심정이었다.

뜸부기란 말이 언제부터 사용되었는가?

왜 뜸부기라고 하였을까?

이 땅에 애환이 담겼다면 전설은 없을까?

옛날에는 어떻게 불렀을까?

모든 것이 안개 속의 연속이었지만 자료 수집에 마음이 급했다.

뜸부기 수컷이 논둑에 나와서 외롭게 먼 곳을 바라보고 있다.

지금까지 10여 년 동안 보고 기록했던 자료를 토대로 옛 문헌에 기록된 선조들의 모습이 하나하나 나타나 하나의 책으로 엮어 남기고픈 마음이 간절하게 일어났다.

의문이 끝없이 일어나자 이에 충족할 자료가 필요했다.

청계천 7가 헌책방부터 동대문 역사문화공원까지 다니면서 틈만 나면 자료를 찾았다.

조선총독부 동식물도감 · 문교부의 조류도감 · 고려사 · 고려도경 · 이조실록 · 문집 · 한시 · 민속 · 가사 · 가요 · 동요 · 전설 등을 토대로 삼았다.

기념물은 또 없을까?

벼포기를 접어 그 위에 알을 낳는 뜸부기는 늦가을 메뚜기나 곤충이 부족하면 간혹 벼를 쪼아 먹기도 하지만 쌀을 한 톨 더 얻기 위해 노력하는 농부들과 전쟁 아닌 전쟁을 치러야 했던 지난날이었다.

그러나 뜸부기는 농부들을 위하여 벼를 갉아먹는 벼메뚜기와 벼에 기생하는 수없이 많은 벌레를 잡아먹기도 하며, 벼포기 사이에 연한 풀이 나면 그것마저 먹어치우는 익조라고 한다.

외국 도서는 스리랑카·인도·중국·일본·인도네시아·필리핀·베트남·북아메리카 가이드북 등 영문으로 된 것과 한문으로 된 것을 밤세워 읽고 옛 기억을 더듬고, 뜸부기란 옛날과 오늘이란 명제하에 다각도의 시차를 거슬러 근원을 찾아야 했고 그의 습성을 알아야 했다.

일반적인 도서관은 최근 도감 몇 권이 전부였고 또한 지난날 비치했던 오래된 서적은 '찾는 이가 없다'며 모두가 폐기되어 버려서 관심거리가 될 만한 자료는 없었다.

일반 대학 박물관의 자료 수집은 필자가 넘어야 할 큰 산이었다.

세간에 눈길을 끌 만한 자료는 없고 한두 권 일반적인 도감만 비치되어 있을 뿐, 그나마 발행 순서별로 체계적으로 자료가 비치된 것은 한 곳도 없었다.

인터넷을 뒤져 국내 서적이든 외국 서적이든 뜸부기(Watercock)란 단어가 나오는 책은 영인본이든 복사본이든 교보문고에 주문했다.

그리고 종로·청계천·신림동·혜화동·대구시 대현동·경기도 포천·경북 영천 등의 헌책방은 발로 뛰었으며, 틈만 나면 인터넷 고서점·지인에게 의뢰도 하였고 뜸부기에 관한 자료가 있다고 하면 어디든지 찾아갔다. 책과 우표와 거래 당시 화폐 등, 기타 자료를 수집하기 위해서는 제한된 시간이 못내 아쉬웠다.

또한 어느 대학박물관은 전문 연구원으로서의 학술 연구 목적이 아니란 이유로 출입이 불가했으며, 시중에 판매된다는 이유로 장사 목적이 아니냐며 자료 유출이 불가하다는 답변만 되돌아왔다.

세상에 책으로 펴내지 않으려면 왜 자료가 필요하겠는가?

책으로 만들어서 팔지 않으면 어쩌란 것인가?

또한 개인이면 자료를 요청할 자격도 없단 말인가?

참으로 답답하고 꽉 막힌 대학이 아닐 수 없었다.

부산대학교 박물관에서도 유출이 불가하다는 황당한 답변이 돌아왔다.

다시 한 번 내용을 설명하고 훈몽자회 계칙(鷄鷘) '책판' 자료를 요청하였으나 개인은 불가하고 기관이나 업계의 공문으로 요청하라는 학예사님들의 답변이 돌아왔다.

개인이 어떻게 이런 건으로 회사가 필요한가? 개인이 필요한 자료를 어떻게 회사가 필요한 것처럼 문서를 만들어 보내느냐고 항의하자, 최종적 결론은 출판사를 통해 공문을 발송해 달라는 요구였다.

중앙정부 또는 지방자치정부가 운영하는, 국민의 세금으로 운영되는 대학이라면 개인이 어떤 취지로 한두 페이지 요구한다면 당연히 정해진 양식에 따라 제출받고 자료를 열람 또는 송부해야 한다.

이에 따르는 수수료가 발생한다면 당당히 요구하고 자료를 공유하여 국민의 품에 스며드는 한 송이 고운 꽃이 되어야 국공립대학으로서 사회적 책무를 다하는 것이다.

다음은 역사에 관한 고증 자료 수집이다.

고증에 대한 자료는 대학도서관(서울대 규장각·건국대 박물관) 고전

번역원(구민족문화추진회)도 검색하고, 남산도서관·국립중앙도서관·국립중앙박물관·국립민속박물관·국립국어박물관·경기도국립박물관을 여러 차례 방문하여 겨우 일부를 조금씩 찾아냈다.

뜸부기란 한글과 한문이 언제 어떻게 사용되었던 것일까?

○ 동국정운(1448년)

【켕(계 ; 鷄), 틱(칙 ; 鷘)】

최초의 표준음에 관한 책이자 운서(韻書)지만 예로부터 우리가 써온 현실 한자 음이 아니라 현실 한자 음을 잘못된 것으로 생각하여 이상적인 표준 한자 음으로 제시한 것, 즉 중국의 중고음(中古音) 음운 체계를 이상적인 것으로 하여, 사회적 실용성이 떨어져 국가의 장려 정책임에도 잘 사용되지 않다가 결국 사용되지 않았지만 한글 창제 이후 최초의 한글 음에 한자를 붙인 운서로서, 학계의 주목을 받는 한글 연구를 하는 데 중요한 자료이다.

○ 훈몽자회(1527년) 금조

【계(鷄) ; 물닭 계, 本國又呼 뜸부기 계, 칙(鷘) ; 물닭 칙】

('本國又呼'란 흔히 쓰는 또 다른 우리의 말)

즉, 당시 민간에서 전래되어 일상적으로 통용되거나 사용하던 말을 한자에 훈음을 달고 아동들에게 쉽게 가르치고자 만들어진 것이 『훈몽자회』이다.

이를 토대로 보면 계칙을 지칭하는 말이, 물에 살면서 닭과 같이 생겨서 "물닭"이었고, 또 서민들이 일상적으로 부르는 말이 "뜸부기"였다고 상세하게 설명되어 국어 연구에 매우 중요한 사료가 아닐 수 없다.

차를 천천히 몰고 가다가 보면 뜸부기가 500mm 렌즈의 최단 촬영거리(4.5m)보다 가까이 있어서 초점이 잡히지 않아 안타깝게도 그냥 지나쳐야 할 때도 있었고, 하늘이 잔뜩 흐린 날 나타나 촬영해도 너무 어두워 흔들려서 못 쓰는 사진이 될 때도 있었다.

또한 봄날엔 아지랑이가 올라가면 한나절 촬영한 사진이 한 컷도 쓸수 없게 초점이 엇나가는 경으도 있었다.

아내와 상의하여 2016년 5월, 드디어 500mm F4 흔들림 방지(VR) 장치가 장착된 렌즈를 겨우 구입했다.

정확한 초점과 흔들리지 않는 선명한 사진을 찍어주는 이 렌즈가 수동렌즈보다 조금 더 무거웠지만 나는 신이 났다.

강의 남쪽 송촌동 들녘과 연다산 들녘이 합하여 황금들녘이 되었고, 이 구역에서 뜸부기가 2~3쌍 정도 서식하는 것으로 짐작되었으며 강 북쪽은 대흥동 들녘과 갈현동 들녘으로 1~2쌍이 탐조인들에게 목격되었다.

뜸부기들은 오전 10시 이전에 논둑에 나왔고 오후 4시 이후에 석양을 받으며 나왔다.

그리고 여름철에는 한바탕 비가 쏟아지고 난 다음 깃털을 말리기 위해 종종 나왔는데 거의 수컷만 눈에 띄었다.

뜸부기!

부족한 것이 많지만 기록한 것이니 남기려고 한다.

만약, 더 기회가 주어진다면 고려초기의 문집과 고려사를 더듬어 더한층 발전된 자료를 열어 보고 싶을 뿐이다.

물이 있는 논에서 주위를 살피고 있는 수컷 뜸부기

귀래혜 귀고향(歸來兮 歸故鄉)

슬레이트 지붕으로 된 시골집 앞을 날고 있는 수컷 뜸부기

　새마을사업이 한창 이루어지던 60~70년대 농촌은 초가 지붕을 걷어 내고 슬레이트 지붕을 선호하여 지붕 개량을 하였다.

　뜸부기가 날고 있는 슬레이트 집 청마루엔 7남매의 왁지지껄하던 고향의 한자락이 되어 향수를 자아내고 있었다.

　모두 도회지로 떠나고 텅 빈 집,

　도연명의 귀거래사를 읊조리며

　이제는 돌아가야 할 때……

1. 고향

그냥 그 이름만으로도 가슴 속이 꽉 메워진다.

아버지는 쟁기를 지게에 얹어 지고 새 논 갈러 가신다고 절기미 오솔길로 소를 몰고 가셨다. 뒷산 용지골 가는 길 오른쪽 작은 봇도랑가의 오래 묵은 미루나무 두어 그루에 까치가 둥지를 틀었다.

도랑 우측에 작은 다락논이 충충이 붙어 있는데 우리 논이었다.

논둑에 커다란 바위 하나가 태고 적부터 갈라진 듯 바위엔 회색빛 돌이끼가 다닥다닥 붙어 오랜 세월의 꽃을 피웠고, 넓게 갈라진 바위 틈 사이에도 켜켜이 쌓인 먼지가 흙이 되고 거름이 되어 복숭아나무가 자라나더니 해마다 사월이면 분홍빛 꽃이 예쁘게도 피었다.

논둑에는 조팝나무도 하얗게 꽃우피면서 자랐고 오동나무도 자줏빛 꽃을 피워 물고 넓은 잎을 자랑하며 자랐다. 새밭 감나무도 늦잠을 잔 듯 이제야 햇순을 내밀며 봄빛을 머금고 있었다.

그 논은 증조할아버지께서 산비탈을 개간하여 논으로 일구어 놓으셨고 할아버지가 이어받으시고 아버진 장남으로 또 이어받으셨다.

뒷산에 뻐꾹새 울던 날 아버진 누렇게 익은 논보리를 베시고 모를 심으려고 쟁기질과 써레질도 하셨다.

2. 논둑에서 얻은 새알

해마다 5월이면 덕산댁 진배미 다락논 논둑에는 미새(멧새)와 종다리가 둥지를 틀어서 아이들은 소꼴도 베고 새알도 주워와서 먹을 수 있어서 참 좋았다.

꼴다래끼 매고 이제 막 연둣빛을 벗어난 논둑에 보드라운 풀을 베는데 갑자기 앞에서 새가 날아갈 때, 그 자리를 조심스럽게 헤쳐 보면 어김없이 조그마한 둥우리에 알이 다섯 개 있었다.

소죽 끓일 적에 김이 나면 솥뚜껑을 열고 여물을 조금 헤치고 새알을 넣은 다음 소죽을 퍼서 바께쓰에 담을 적에 새알을 찾아 솥전에 두고, 할아버지께 잡수시라고 하면 너무 좋아하셨다.

할아버진 아버지를 불러 먹자고 하시며 한두 개 잡수시고 주워온 손자에게도 하나 주시며 먹어 보라고 하셨다.

초여름이면 뜸부기도 모더미 풀 속에 알을 낳아 한몫을 거들었다.

그 사랑의 세레나데에서 특이한 목소리로 하여금 쉽게 뜸부기임을 구분하였다. 아버지는 논매러 가셨다가 접힌 벼포기 위에 있는 뜸부기 알을 5~6개쯤 주워오셔서 한참 김이 나는 소죽 끓이는 솥에 넣으셨다.

소죽 솥 옆에 우리 형제가 둘러앉아 있으면 할아버지와 아버지는 한두 개 잡수시고 형과 내가 하나씩 나누어 먹었다. 크기가 메추리 알만한 것 같았는데 약간 느끼한 맛이었으나 참 맛이 좋았던 것 같다.

아버지께 맛있다고 여러 번 말씀드렸더니 다음에 또 주워오마고 하셨다. 한여름날 밤 마당에 모깃불을 피워 놓고 골목으로 나오면 무성한 논에서 온통 불빛이 반짝인다.

개똥벌레들이 온 들녘에 날아 반짝이면 빈 소주병을 물에 헹구어 내고 벼잎에 붙어 쉬는 그들을 잡아서 채워 넣었더니 소주병이 온통 번쩍거렸다. 집에 와서 모깃불 옆에 멍석 한자락 깔고 두런두런 가족들이 둘러앉아 이야기꽃을 피우기도 했고 감자를 구워 먹기도 했다.

간혹 장독대 옆 감나무에서 매미가 불빛을 찾아 모깃불 앞에 날아오기도 하였다. 큰방에 가서 홑이불을 가져와 덮고 누워 누나에게 옛날

이야기를 해 달라고 졸랐다. 은하수가 서쪽에 기울 무렵 누나의 긴 심청이 이야기와 함께 나와 동생은 잠이 들었다.

빼어난 화산 800고지 계곡의 한 자락인 한적한 시골 용암동(龍岩洞)은 "쌀미기"라고도 하며 필자의 유년시절을 보낸 고향으로 집이라곤 9채뿐이었다. 용암동은 동구 밖 밭 중앙에 용바위가 있어서 용암동(龍岩洞)이라 하였다.

어릴 적 용바위 위에서 연날리기 하면서 연싸움도 벌였고 이 용바위가 마을의 수호신이라며 용하다는 무당들이 찾아와 밤새 기도하기도 한 마을의 상징물이었다. 또, 그 밭은 증조부님의 형제분 자손으로 필자와는 7~8촌 숙질과 형제 항렬인 분들의 밭이었고, 그 집 아저씨의 부지런함에 밭은 무를 심든 배추를 심든 늘 풍년이었다.

지금은 감잎이 빨갛게 물들 때 비탈진 들녘 다락논에도 어느덧 가을이 왔건만 옛 모습은 간데없고 언제 논이었는지 알 수 없을 만큼 스산한 잡초 사이로 흔적만 남았을 뿐 그 논엔 이름 모를 풀벌레들의 연주가 시작되고 있었다.

고향을 떠나온 지 벌써 47년, 집은 남아 있으나 사람이 살지 않는 태문이네 집과 폐허가 된 채 집터만 남아 있는 원철이네 집터 잡초에도 가을 달빛에 싸늘한 바람만 불고 있었다.

22년 4월 초순 이른 봄

아내와 함께 고향을 찾았다.

혹시나 아는 분들이 계시나 하고 어슬렁거렸지만 얼굴이 익은 이는 한 명도 보이지 않았다. 마침, 대문 밖으로 지팡이를 의지하여 나온 할

머니가 있어 인사하고 보니 유년 시절 갓 시집온 친척 숙모님이셨다.

목이 메어 말이 나오지 않았다. 반갑다고 차 한잔 하자고 무조건 손목을 잡아끌며 집으로 향하는 따스한 고향의 온기가 사월의 에추꽃(자두처럼 생겼으나 열매가 절반 크기로 빨갛게 익음) 향기와 함께 전해 왔다.

내 고향으로 돌아가고파!

언제나 가고픈 내 고향.

지금도 그 뜸부기들은 여름 들녘에 날아오를까?

부모님이 고령으로 자주 편찮으시다고 도회지 병원 찾아나오신 다음으로는 하계 휴가나 생신날 휴가내어 가던 고향에 그나마 한 번도 간적이 없었다.

부모님 돌아가시고 이제는 머리도 희끗희끗한 세월의 흔적들이 돌아올 수 없는 추억을 잡고 긴 한숨 속에 날려 본다.

오! 흘러간 시간

아쉬운 그 시절

돌아갈 수 없는 먼먼 여정에 가슴 한편이 무너져내리는 고향의 비……

돌아오라!

그대여!

고향으로 돌아와……

농촌 풍경

평화로운 초가마을 앞 옥답에 흰 구름이 흐른다.

논갈고 써레질하고 모심고……

모를 심기 위해 써래질한 문전옥답에
참새도 먹이를 찾아 날아들었다.

1. 60~70년대 농촌 풍경

1960년대까지는 논에 비료 대신 퇴비를 많이 주었다.

소가 있는 집에서는 질메 양쪽에 불룩하니 거름을 싣고, 농부는 지게에 쟁기나 써래를 얹어 논으로 갔다.

논의 한 장소에 쟁기와 소에 실었던 거름을 내려놓고 곰방대에 담배를 꾹꾹 눌러서 한 대 피우고 다시 거름을 실으러 간다.

수북할 정도로 쌓아 놓고 소쿠리에 담아 논에 골고루 뿌리고는 쟁기로 논을 갈아엎는다.

그리고는 지친 몸으로 소를 몰고 집으로 돌아간다.

한창 농번기에 일을 많이 할 때는 닭을 한 마리 잡아서 황기를 넣고 푹 끓여서 가족끼리 먹는데 이웃집에 친척 어른이 계시면 한 그릇 떠다가 담 너머로 머리를 내밀고 그 집 부엌을 향해서,

"숙모님 계십니까?" 하고 부르면 그 집에서 대답하고 부엌 뒷문을 열고 담장 쪽으로 다가오면 닭고기국을 한 그릇 건네준다.

그 집에서 "조카, 잘 먹을게" 하고 가져간다.

이것이 모내기 철에 힘들었던 농부들의 따스한 이웃간의 정이 배어 있는 보신용 닭죽과 백숙이었다.

그러나 그런대로 사는 집안은 닭 백숙이나 닭죽 등을 먹을 수 있었지만 가난에 굶주리던 이들은 간식거리로 논·밭둑에 둥지 튼 새알을 주워와서 소죽 끓이는 솥에 넣어서 익혀 먹기도 하였고, 운이 좋은 날은 야산에서 꿩알을 주워와 횡재했다며 좋아한 이들도 있었다.

6월이 되면서 들녘 곳곳에서 모내기가 시작되었고 뜸부기들이 와서 "뜸~뜸~" 하고 우는 소리가 이논 저논 가리지 않고 들렸다.

허기진 배를 달래려고 들녘에 뜸부기를 잡을 궁리를 하고 알을 낳은 '뜸부기 둥지' 좌우에 명주실 올가미[1]를 늘여 놓으면 발가락이 긴 암컷이 쉽게 잡혀 알과 함께 잡아가 삶아 먹었던 것이다.

2. 뜸부기가 많았던 이유

퇴비로 다져진 논과 논둑이 기름졌다.

봄에 파릇한 새순이 제법 자라면 들로 산으로 가서 풀을 잘라 한짐씩

---

1) 명주실 올가미 : 질기고 하얀 명주실을 논 흙 속에 하루이틀 묻어 두면 흙물이 배어 논두렁에 두어도 흙인지 실인지 구분이 어려움

지고 와서 외양간에서 나온 거름과 섞으면 두엄이 된다. 그런 다음 숙성이 되면 두엄을 질메로 실어다 논밭에 뿌리고 쟁기로 갈았다.

써레질하려고 논에 물을 대면 언제나 논물이 흑갈색으로 넘쳐났다. 모를 심고 5일만 지나도 모는 푸르게 자랐고 날이 갈수록 더욱 푸르다 못해 검은 빛을 띠었다. 밤이면 개똥벌레로 온 들녘이 반짝이는 축제의 장이 되어 꿈속처럼 아늑한 풍경이 펼쳐졌다.

벼에는 잠자리, 무당거미, 벼메뚜기, 쉬파리, 쌍살모기…….

논물 속에는 미꾸라지, 물방게, 술할미, 거머리, 중피리, 골뱅이, 물거미, 물벼룩, 토하(민물새우)가 득실거렸다.

논둑에는 여치, 방아깨비, 소금쟁이, 참개구리, 깡충거미, 무당거미, 땅강아지, 지렁이, 쉬파리 등이 옹기종기 살았다.

뜸부기들의 먹거리가 많기도 했다.

감자논에는 감자를 캔 뒤 퇴비를 하고 쟁기질과 써레질한 다음 바로 모를 심었고, 보리논은 보리를 벤 뒤 거름을 뿌리고 쟁기로 갈아놓았다가 물을 대고 써레질한 다음 모를 심었다.

뜸부기가 빠를 땐, 모를 심기 전 땅을 무르게 하기 위해 물댄 논에 미리 와서 먹이 활동하는 녀석도 간혹 눈에 띄었다.

들녘은 풍부한 먹이와 쉴 곳이 많아 뜸부기들이 번식하기에 참 좋은 농촌이었다.

3. 농촌의 환경과 뜸부기

마구잡이로 남획한 뜸부기를 도회지로 팔러 온 뜸부기 장수도 있었고 일부 도회지 사람들도 시골에서 올라온 이에게 뜸부기가 있는지, 잡을 수는 있는지 묻는 이도 있었다.

현재 우리의 농촌에서 행복한 노랫소리로 짝을 찾고 있는 뜸부기는 보기가 쉽지 않다.

또한 90년도에 접어들면서 많은 농기계가 농가에 보급이 되면서 농촌에서 논밭 갈던 소들이 시장으로 나오고 농가는 농기계가 점령을 하게 되었다.

젊은이들은 도회지로 다 빠-져 나오고 농촌 일손이 부족해지면서 더욱 빠르게 논은 밭으로, 밭은 조림사업으로 농토가 급격히 훼손되어 뜸부기의 서식지가 사라지게 도었다.

일할 사람이 없어진 농촌에는 논둑에 풀을 벨 인력이 없어서 제초제를 선택해야 했고 논매기할 여력마저 상실하여 제초제에 의존하게 되었다.

퇴비로 검푸르게 무성하던 논은 도열병이나 멸구에 시달려야 했고 급기야 살충제 등의 농약 살포로 인해 서식하던 모든 곤충들마저 사라졌다.

논둑은 60~70년대에 종다리도 미새(멧새)도 둥지를 많이 틀었다.

4~5월에 다락논둑을 낫으로 깎다가 종다리가 포르르 날면 그 자리엔 어김없이 오목한 둥지에 알이 서너 개씩 들어 있어 추억거리도 참 많았다.

지금은 풀 한 포기 자라지 않도록 제초제가 거듭 살포되었고 온통 농약으로 키워진 우리의 밥상 형국이 되었다.

마침내 소비자들도 유기농, 유기농 하며 농약이 적은 농산물을 선호하며 찾으니 농촌도 점차 특별한 경우를 제외하고는 농약 살포를 줄였다.

논둑에 풀이 무성해지면 예초기로 깨끗하게 깎았고 우렁이 농법, 오리 농법이니 하며 자연 친화적인 농법을 구성하여 우리의 식탁을 풍요롭게 하니 그나마 겨우 뜸부기가 명맥을 유지한 것으로 보인다.

하지만 농촌의 환경 변화도 뜸부기의 서식에 어려운 과제로 남겨졌다.

1년에 논농사 한 번 짓는 것보다 2모작 3모작으로 수입을 올릴 수 있는 논을 복토하여 밭으로 바꾸어 비닐하우스를 씌우는가 하면, 농막이 들어서서 점점 뜸부기의 서식지도 급격히 사라지게 되어 두 번째의 난관에 봉착하게 되어 이에 따른 대책 수립이 절실하게 되었다.

첫째, 뜸부기 서식지의 보존

둘째, 서식지 농민에 대한 적절한 보상 정책 및 모니터링

셋째, 유기농에 대한 홍보

넷째, 청정지역의 지정

- 반딧불 축제

- 벼메뚜기 축제

- 뜸부기 마을길 조성(코스모스, 해바라기 길, 기타)

  -인위적 유전자 변이종(크고 화려한 변종 코스모스 등) 제외,

다섯째, 전문 및 선진 농업인 육성

여섯째, 농기구의 개발로 편리한 농사

일곱째, 선진 농법으로 미래 먹거리 조성

여덟째, 폐 농기계·비닐·플라스틱·빈병 신고제 및 회수

기타 등등 사업으로 건강한 농촌으로 거듭나야 한다.

지역마다 특성이 있어 그 특성을 잘 살릴 수 있어야 소득이 증대하게 되고 그렇게 되면 도회지로 나갔던 젊은 청년들이 농촌으로 돌아올 수 있기 때문이다.

초여름날, 잡초가 흐드러지게 자라고 있는 논둑을 산책하는 수컷 뜸부기

4. 고향의 노래

안개가 잔뜩 끼어 하늘과 땅을 구분하기 어렵게 온통 하얗다.

안개가 걷히기를 기다렸다. 내가 선 자리에서 앞뒤 5~6m가 시야 확보의 전부이며 그냥 아득한 안개 속이다.

뜸부기를 찾아 농로로 가 봐도 만나기는 어려울 것 같아서 그냥 안개가 좀 걷히기를 기다리며 풍경사진을 찍기 위해 가져온 카메라로 흐릿하게 사라지는 농로와 신비롭게 보이는 길가 나무를 열심히 담았다.

안개가 비가 되어 옷깃을 촉촉이 적시는데 들녘 어디선가 아득히 들려오는 뜸부기 소리, 불현듯 고향 들녘이 안개를 밀어내며 다가왔다.

동산 앞 진배미 논둑 위를 오르락내리락하는 빨간 벼슬에 닭같이 생긴 검은 새 한 마리, 가슴 속 응어리를 토하듯 울리는 저 소리가 안개 속 소용돌이에 싸여 주마등같이 고향이 보였다.

전투하는 장수가 칼을 잡듯 삽자루를 중간쯤 쥐고 논에 물꼬 보러 논둑 길 가시는 아버지의 "노래"가 나를 부르고 있었다.

지난날 농촌에서 뜸부기는 매우 흔했다. 간혹 쇠꼴을 베다가 논둑에서 8~9개의 뜸부기 알을 주울 때면 그날은 횡재한 날이었다.

보리밥이 먹기 싫어 감자 삶아 달라고 어머님께 떼쓰던 60년대에는 배고픔을 달래려고 골담초꽃과 아카시아꽃도 따먹었다. 심지어 찔레와 송기도 꺾어 먹었다.

그때의 뜸부기 알은 참으로 맛나고 영양 만점인 소중한 간식거리였다.

그러나 지금은 그 수가 급격하게 줄어들어 뜸부기가 어떤 새인지 아는 이도 극히 드물 만큼 멸종 위기로 몰리는 귀한 새가 되었다.

옛날부터 우리 조상들은 땀으로 벼를 가꾸었고 옥토를 너무나도 중시한 나머지 두엄과 풀을 베어 썰어서 논바닥에 깔고 쟁기질과 써레질로 골고루 펴서 비옥한 농토로 가꾸었기 때문에 가을이면 온 들녘이 노란 황금색으로 물들었다.

요즘은 두엄 만들기도 어렵고 풀을 베어 올 만한 산림도 마땅치 않아 비료와 농약으로 토질의 산성화와 내성이 강한 벼로 대체되었고, 논에 메뚜기 한 마리 구경할 수 없는 생명을 잃은 논, 즉 푸른 사막으로 바뀐 것이 대부분이었다. 논둑은 어릴 적 흔히 보던 푸르른 논두렁이 아니라 풀 한 포기 자라지 않는 논두렁이 많다.

파릇한 풀이 자라면 어느샌가 금새 누런 갈색 논둑으로 변했었고 논둑 주변 물속에는 죽은 골뱅이들 껍질이 나뒹굴었다.

그래도 예초기에 깔끔히 다듬어진 파~아란 논둑이 보이면 마냥 걷고 싶어진다. 한발 한발 걷다 보면 뜸부기는 머리에 붉은 관을 쓰고 남모르는 슬픈 사연을 담으며 하늘에 구름을 튕겨내듯 마디마디 서러움을 토해내고 있었다.

올해 곡우(穀雨)에 예쁜 비가 내렸다.

우풍순조(雨順風調 ; 비바람이 순조롭다는 뜻)! 곡우에 내리는 비는 '곡식 비'다. 새벽부터 내린 비는 솔잎에 묻은 송홧가루를 씻어내기에 충분했다.

언제나 고향을 떠올리게 하는 뜸부기는 생태계에서 유익하다, 해롭다를 막론하고 멸종 위기를 맞고 있어 당연히 보호를 해야 한다는 것이 현대 생물학자의 사명이다.

들녘에 나가면 그들이 머물던 자리에 언제까지나 머물 것 같아서 알도 가져오곤 했지만, 이제는 스테미너에 좋다는 근거없는 낭설에 현혹되어 휑한 들녘에 싸늘한 바람만 불게 하였다.

특히 뜸부기 같은 새는 우리 농촌에게 조류 이상의 큰 의미를 가진다. 할아버지의 할아버지 적부터 함께 살아온 고향을 상징하였다.

논매기 소리가 한바탕 끝나면 이논 저논에서 뒤이어 들려오는 뜸부기들 노랫소리!

그네가 자주 울던 논은 언제나 풍년이었다. 둥지를 틀던 그 논은 늘 황금 들녘의 중심이 되었다.

논에서 들려오는 뜸부기 소리는 우리나라 시골 전역에서 들을 수 있었던 정겹고 아주 친숙한 소리였다. 닭하고 아주 비슷하여 서양에서는 물에 사는 닭(Watercock)으로 표현하기도 하지만 동양에서도 '물닭' 또는 '뜸부기 닭'으로 부르기도 하였다.

번식기 때 수컷은 온몸을 검은 깃털로 바꾸고 특이한 빨간 볏을 뽐내며 논둑에서 온몸의 기운을 토하듯 노래로써 자신의 존재감을 드러낸다. 이때가 천적으로부터 가장 취약하여 희생도 동반되었다. 옛날 60~70년도엔 포수들은 엽총과 공기총으로 뜸부기가 벼포기 위로 머리를 내밀 때 빨간 볏을 조준하여 쏘면 거의 백발백중 잡는다고 하였다. 하지만 지금은 들고양이와 들개, 농약 살포, 그리고 농촌의 산업화에 따른 농경지 감소에 따라 뜸부기는 멸종의 길로 가고 있다.

5. 모내기 전 이야기

60~70년도에는 3월 말일경 못자리 장소를 선택하여 볍씨를 뿌려 모

벼포기 속에서 구애를 위해 암컷에 바짝 다가선 수컷 뜸부기

판을 만들었다. 작년 여름에 싸리나무 햇순을 잘라서 껍질을 벗기고 하얀 속으로 다래끼를 만들어 사용하거나 모판에 모를 키우고자 비닐을 씌울 적에 뼈대로 이용하였다.

당시에는 5월 초부터 6월 초까지 남정네들은 새벽같이 지게를 지고 산으로 가서 연한 풀을 베어다가 오전에 한짐, 오후에 한짐을 마당에 쌓아놓고 이른 저녁 먹고 작두로 풀을 썰었다. 남자들은 작두로 썰고 여성들은 풀을 먹이고 아이는 썰어 놓은 풀이 쌓이지 않게 뒤로 던지는 일을 어둠이 내려올 때까지 했다.

달이 뜨면 이웃집 신배나무에서 소쩍새도 울었다.

이튿날 남자들이 바지게에 어제 썰어 놓은 풀을 한짐씩 져다가 논에 골고루 뿌렸다. 그리고 소 등에 질메를 얹어 거름을 양옆에 가득 싣고 논 군데군데 한무더기씩 내려놓았다가 쇠스랑으로 소쿠리에 담아 골고루 논에 뿌렸다.

소를 몰고 쟁기를 지게에 지고 가서 논을 갈아엎었다.

간혹 논을 갈다 보면 쟁기가 지나간 뒤집어진 흙속에서 개구리, 거머리, 지렁이도 나오고 미꾸라지도 꿈틀거리며 나왔다.

6. 두골채이 바위

사람의 머리뼈 형상인 바위란 뜻이다.

그 바위 위는 5~6명의 아이들이 누울 수 있도록 평평하여 여름날 저녁에 모여 앉아 하모니카도 불고 때로는 형들이 기타를 들고 와서는 노래도 불렀다.

거름으로 다져진 비옥한 논

자연스런 천적 사슬로 구성되어 미꾸라지는 모기의 유충을 잡아먹고 무당거미는 벼와 벼 사이에 그물을 쳐서 크고 작은 나방과 모기를 잡고 제비는 잠자리와 방아깨비, 뜸부기는 벼포기 사이를 조심스럽게 다니며 벼에 붙은 메뚜기며 어떤 벌레든 깨끗이 잡아먹었다.

그래서인지 여름 저녁이면 벼가 무성한 논 사이 두골채이 바위에는 모기가 없어서 마을의 어른, 아이 할 것 없이 옹기종기 모여 앉아 여름밤 이야기꽃이 끊어지지 않았으며 밤하늘에 별이 총총하면 집에 가서 홑이불을 가지고 와 여름낮 내내 달구어진 바위 위에서 잠을 자기도 하였다.

이른 아침!

홑이불이 이슬을 맞아 눅눅할 때 새벽 먼동이 텄다.

어디선가 들려오는 뜸부기 소리, 어제 소꼴을 벤 덕산할배댁 모자리 논둑쯤 되는 것 같다.

홑이불을 옆구리에 끼고 살금살금 소리 나는 곳으로 다가가면 울다가 놀란 뜸부기가 훌쩍 날아 동산 앞으로 멀리 날아갔다.

7. 뜸북새 울던 고향

- 뜸북새는 언제나 고향을 그리며 다시 찾았다.
- 뜸북새는 자자손손 대를 이어 송촌 들녘을 지켰다.
- 뜸북새는 소만[2]이 오기 전 돌아와 터를 잡았다.
- 뜸북새는 여름 내내 은하수를 토하며 아침을 맞이했다.
- 뜸북새는 농부에게 노래로 화답하며 풍년을 기약했다.
- 뜸북새는 풍요롭고 아늑함이 담긴 들녘을 거닐었다.
- 뜸북새는 등에 가을의 애잔함을 지고 있다.
- 뜸북새는 코스모스 손짓을 뒤로 하고 아득히 하늘을 날고 있다.

8. 철아, 이제 고향 가자!

여름날 밤 두굴채이 방구(바위) 위에 원철이, 우현이, 석진이, 그리고 필자는 각자 집에서 홑이불을 가지고 와서 바위 위에 나란히 덮고 누웠다.

은하수가 남북으로 이어지고 별들이 반짝이는 하늘을 보면서 낮에 목욕하러 갔다가 고기 잡았던 일, 땀띠가 나서 언지리각기미 산 아래 찬물 샘에 목욕하러 갔는데 큰 뱀을 보았다는 등, 복판질 아들은 지난번 큰비에 커다란 웅덩이가 생겨 깊이가 한길이 넘는다며, 내일 목욕하러 가자는 등의 이야기를 하다가 모두들 잠이 들었다.

---

2) 소만 양력 5월20일

새벽에 원철이가 잠꼬대를 했다.

추운지 이불을 둘둘 말듯 돌에 감았다. 그리고 코를 드르릉 곤다.

잠시후 코를 골다 말고 잠꼬대를 했다.

"석진아! 내 지금 여기서 뜥낀데……"

그러다가 다시 코를 골며 몸부림하듯 뒹굴다 바위에서 떨어졌다. 철퍼덕 소리에 모두들 눈을 뜨니 원철이가 안 보였다. 우현이가,

"저 밑 논에 허연 거 봐라, 원철이가 떨어졌다!" 하면서 부리나케 논둑으로 내려가서 원철이를 불렀다.

"원철아! 원철아! 이자슥아!"

원철이는 놀랐는지 홑이불 감긴 것을 풀고 "잉~" 하고 울었다.

이불이고 옷이고 온통 논흙 투성이다.

이불은 우현이와 석진이가 같이 들고 원철이는 어기적거리며 봇도랑에 와서 이불도 헹구어 짜고 옷도 벗어서 물에 헹구어 짰다.

원철이는 집에 간다며 갔다.

나머지 아이들은 다시 방구(바위) 위에 돌아와 누웠다가 먼동이 틀 때 각자 이불을 안고 집으로 갔다.

홑이불을 방안에 던져 놓고 봇도랑에 세수를 하니 원철이네와 우현이네 초가집 굴뚝에서 연기가 가장 먼저 피어올랐다.

아침 연기는 앞산 개울 쪽으로 길게 늘어지더니 미루나무를 휘감고 동산으로 이어졌다.

잠시 후에 정양지 두리봉 옆 동지(동정리) 가는 길 위에 힘찬 아침 햇살이 빋어나와 동구 밖 용바위를 비추었다.

순식간에 진배미 논둑은 온통 이슬이 햇볕을 받아 반짝인다.

어제 소꼴 벤 논둑에 이슬이 영롱한데 어디서 나온건지 시커먼 뜸부기 한 마리가 깃을 다듬고 있다.

새벽 일찍 들어간 원철이 집을 향해 우현이가 소리쳤다.

"원철아! 인드라야(이녀석아)! 우리집 논둑에 뜸빙이 나타났다 아나?"

"어데 어데?"

"조~쪼 바라(봐라). 까만 눔이 뜸빙이다아이가. 올게(올해) 우리 논에 뜸빙이 때문에 농사 잘 될끼다. 울 할배가 카더라 뜸빙이 오마 나락 농사 잘 된다 안 카더나."

"에이씨, 우리 논에는 뜸빙이 와(왜) 안 오제?"

"이자슥아, 거럼(거름) 많이 갖다 깔아야 나락 농사 잘 될꺼 아이가?

"우리 히야(형)가 군대(군악대에 갔음) 안 갔으마 거럼 많이 넣었을 낀데…… 그라마 우리 논에도 뜸빙이 왔을 낀데……."

"기안타(괜찮다)! 인드라야(이녀석아)! 인제라도 물 잘 대고 거럼 주마 느그 나락 잘 될 끼다."

그날 오후 원철이는 자기네 논에 거름 준다며 재래식 화장실에서 인분을 바가지로 퍼다 논에 부었다. 신문지를 찢어서 돌돌 말아 양쪽 코에 끼우고 옷소매는 코를 닦아서 까맣고 반질반질한데 인분이 튀겨서 냄새가 엄청 났다.

원순 누나가 그걸 보고 기겁을 했다. 급히 방에 들어가더니 원철이 옷을 꺼내 웃방에 갔다 놓았다.

"니 뭐하노?"

"우리 논에 거럼 줬다아이가."

"아이고 냄새야!"

“거럼인데 뭐 어떠노? 냄새 나지…….”
“시끄럽다! 마! 옷 갈아 입그 냄새나는 옷 봇도랑에 갔다 놔라.”
“알았다! 그마 해라.”
　원철이는 새 옷으로 갈아 입고 입었던 옷을 봇도랑 돌 위에 갖다 놓았다. 그리고 코를 쿵쿵거리며 냄새를 맏더니 “쪼매 냄새가 나기는 나네” 했다.

철아!
이제는 돌아가자!
지난 6월에
돌담 위에 떨어진 살구가 곱더구나.
누나가 즐겨 먹던 앵두가
올해는 대풍이란다.
별빛 내려앉던 두꺼비 바위게서
하모니카 불던 형이 기다린다.

현이도
숙이도
골골이 세월의 흔적을 담고 있구나
땅거미 몰려가고
동산에 달 오르면
구메못에 돗배 띄우고
술이나 한잔 하지 않으런?

암컷을 찾아나선 수컷 뜸부기, 뜸부기는 웬만하면 날지 않는다.

차례

제1부 뜸부기

환우(換羽 ; 깃털갈이, molting)

제2부　고향의 향기

타국에는(원문·번역 자료)

1부

뜸부기

뜸부기 Watercock

망초꽃 곱게 피어 이름마저 잊힐 뻔한…….

학명 *Gallicrexcinerea*

생물학적 분류
계 : 동물계(Animalia)
문 : 척삭 동물문(Chordata)
강 : 조강(Aves)
목 : 두루미목(Gruiformes)
과 : 뜸부기과(Rallidae)
속 : Gallicrex

멸종 위기 등급 IUCN RedLlst 관심 대상(LC:Least Concern)
환경부 멸종 위기, 야생 생물 Ⅱ급
천연 기념물 제446호(2005년 3월17일)

몸 길이 수컷 성조 40cm 내외
암컷 성조 33cm 내외

분포 아시아 동남부, 인도, 중국, 한국, 일본

산란 6~8월

정보 철새 : 한국, 일본, 중국
텃새 : 인도 (Birds of India 참조)

1. 특징

생태적 특징

우리나라의 논이나 초습지에서 활동하며 5월에 찾아와 6~8월에 번식과 육추를 하는 여름 철새이다. 서식지는 논·물가의 풀밭·습지를 낀 덤불 등에서 볼 수 있으며, 벼포기나 풀 줄기를 이용하여 접시 모양의 엉성한 둥지를 만들고 백색 바탕에 갈색 반점이 있는 알을 10개 내외를 낳는다. 포란 기간은 19~22일이며 식성은 곤충류와 작은 개구리·미꾸라지·달팽이·수초 씨앗·여린 새순 등 잡식이며, 동남아시아·인도·중국·한국·일본 등지에 분포한다.

일반적 특징

수컷의 여름 깃은 아래 꽁지덮깃을 제외하고는 전체가 짙은 흑갈색 바탕에 검은 반점이 줄을 지어 배열되어 있고, 이마에서 머리꼭대기는 붉은색의 벼슬이 있다. 암컷과 어린 새는 비슷한 깃털 색을 보이며 전체적으로 엷은 갈색 바탕에 짙은 갈색 반점이 배열되어 있다. 다리는 엷은 황록색을 띤다. 평상시에는 목털에 덮여 보이지 않으나 접혔던 날개가 펴지는 순간 암수 모두 하얀 어깨선이 날개 능선을 타고 길게 나타난다.

2. 내용

듬복이, 듬북이, 듬보기라고도 하였으며, 한자로는 등계(鵐鷄)·계칙(鸂鷘)이라고 한다. 학명은 Gallicrexcinereacinerea(GMELIN.)이다. 우리나라에서는 뜸부기과 조류로 10종이 발견되는데 뜸부기·쇠뜸부기·물닭·쇠물닭·쇠뜸부기사촌·흰눈썹뜸부기·흰배뜸부기·한국뜸부기·알락뜸부기·회색가슴뜸부기 등이 있다.

그 가운데 뜸부기는 우리 나라 전역에서 볼 수 있는 여름새이다. 몸길이는 수컷이 40cm 내외이며 암컷은 33cm 내외이다. 수컷의 몸통은 회색빛이 도는 흑색으로 배에는 회색의 가로 무늬가 있다. 부리는 황색, 액판(額板)은 붉은색, 다리는 황록색이다.

암컷은 수컷의 겨울 깃과 비슷한 색깔로, 머리 꼭대기는 어두운 갈색이고 목 옆은 황색이 낀 붉게 녹슨 색이며, 턱 밑과 멱은 흰색이다. 몸 윗면은 어두운 갈색으로 엷은 황갈색의 폭넓은 가장자리가 있다. 몸 아랫면은 황색이 낀 붉게 녹슨 색 또는 크림빛의 흰색으로 배 중앙 이외에는 석판갈색의 가로띠가 있다.

우리 나라의 중부지역에는 5월 하순에 수컷이 먼저 도래하고, 약 15일 후에 암컷이 모습을 드러낸다. 6~10월 초순까지 머무르며, 벼포기를 모아 둥우리를 틀거나 논가나 평지의 풀밭에 둥우리를 틀고 10개 내외의 알을 낳는다.

알의 크기는 약 4cm 내외이며 백색이나 엷은 아이보리색 바탕에 진한 황갈색 반점이 있다.

식성은 메뚜기·방아깨비·잠자리 등의 곤충과 달팽이·미꾸라지·개구리 이외에 어린 싹이나 풀씨도 먹는다. 10월 초순경이 되면 대부분 남하한다.

3. 생김새

수컷

• 여름 깃은 이마에서 머리꼭대기까지 선명한 붉은색의 액판이 있다.

- 부리는 진한 노란색이다.
- 발정기 때만 전체적으로 회색을 띤 검은색으로 매끈한 몸매이다.
- 겨울 깃은 이마부터 정수리까지 어두운 갈색이고, 액판(벼슬)이 있던 곳은 물집이 아문 것처럼 쭈글하게 자욱으로 선명하게 남아 있는데, 수컷을 상징하는 유일한 특징이다.
- 양눈 앞쪽 아래는 흑갈색을 띤 반점이 두 번째 특징으로 나타난다.
- 세 번째는 키와 체격이 암컷보다 월등하게 더 커서 암수가 구분된다.
- 다리는 연한 황록색을 띠고 발가락은 길다.
- 발톱은 하현달 모양으로 꼬부라져 길며 가늘고 날카롭다.
- 흰색 어깨선이 길게 날개선까지 이어져 있다.

암컷

- 이마부터 정수리까지 진한 갈색이다.
- 윗부리는 흑갈색이고 아랫부리는 연한 갈색이다.
- 목은 흰색을 띤 옅은 갈색이고 가슴·배까지 가는 물결 무늬가 나열되어 있다.
- 등과 날개는 타원형과 긴 타원형으로 진한 갈색 깃으로 이루어지고 깃의 바깥 부분은 연한 갈색이다.
- 다리는 연한 녹청색이고 발가락은 황록색이다.
- 날개 아래덮깃은 진한 회색이다.
- 흰색 어깨선이 길게 날개선까지 이어져 있다.

생태

낮에는 물가의 풀밭, 구릉 숲속의 풀밭, 논과 부근의 덤불 속에 숨어 있지만 아침과 저녁에는 논과 둑에 노출되어 활발히 활동한다. 수컷은 '뜸북… 뜸북… 뜸뜸뜸' 이런 식의 소리를 내며, 6월 3일~6월 15일경은 암컷을 찾는 노래의 최전성기이다. 논에서 벼포기를 모아 둥우리를 틀거나 부근의 풀밭 땅 위에 풀줄기로 접시 모양의 둥우리를 튼다.

6월 중순부터 산란하며 한배산란수는 10개 내외이다. 알은 광택이 없는 흰색이고 적갈색의 무늬가 있다.

분포

아시아 열대와 온대 지역, 인도 ·파키스탄 ·중국 ·한국 ·일본 ·인도차이나 ·필리핀 ·인도네시아에서 번식하고, 남아시아 ·동남아시아에서 인도차이나 서부와 중부에서 월동한다.

현황

한반도 전역에서 번식하는 드문 여름새이지만 최근에 발견이 된 지역을 보면 철원 평야, 공릉천 주변, 천수만 등지에서 관찰되고 있다.

한때는 흔한 여름새였으나 그 개체 수가 급감하여 현재는 드물게 번식하고 있다. 농약에 의한 오염과 문명에 의한 서식지 감소가 주요인이다.

환경부 지정 멸종 위기 등급 2급 조류이며, 2005년에 천연 기념물 446호로 지정되었다.

'팟다리'는 머리에 팥색의 다리를 얹은 것 같아서 붙인 이름이다.

4. 팟다리(팥따리)

뜸부기(팟다리)는 '뜨음 뜸 버걱걱걱' 소리를 내기 때문에 붙인 이름이다.

뜸벅(소리) + 이(접미사) 〉 뜸버기 〉 뜸부기

뜸부기를 '팟다리'라고도 하는데, 팟다리는 머리에 팥색의 다리를 얹은 것 같아서 붙인 이름이다.

수컷 뜸부기의 이마부터 머리 정수리까지는 팟처럼 붉은 볏이 다리처럼 달려 있다.

※ 팟은 팥이고, 다리는 옛날 여자들이 머리털을 많게 보이려고 머리 위에 덧대어 얹은 가발 같은 것이다.
※ 사전에는 팟다리란 말이 뜸부기의 동의어로 올라 있기도 하는데 팟다리란 말은 거의 쓰는 사람이 없어 죽은 말이 되어 있다.

5. 뜸부기의 여정

체력과 여정

　우리의 농촌 들녘에서 태어나서 자라 성조가 되어서 짝을 지어 가족을 이루고 가을엔 추위를 피하여 머나먼 여정에 올랐다가 봄이면 다시 고향을 찾아 6,400km 이상 날아야 했다.

　갈 때도 올 때도 바다는 넓었다. 날다가 힘에 부치면 추락하였고 용하게도 작은 섬이라도 만나야 살았다. 섬에 잠시 안착해 기진맥진한 상태에도 천적 경계와 먹이 활동을 해야 했다.

　또한 이런 여정을 위해 털갈이를 할 때는 곤충과 파충류, 어류, 식물의 씨앗으로 체력을 한껏 보강해야 했다. 새로운 깃털과 강한 체력만이 살아남을 수 있기 때문이다.

　돌아오니 이제 막 모내기를 시작할 무렵이라 갈아 놓은 논에 서성였다.

고독과 싸우는 수컷 뜸부기, 그리운 님은 언제 오려나!

모내기가 시작되고부터 농부들의 모내기 소리에 화답하며 노래를 불렀고 농부들의 희로애락에 맞추어 노래가 울음 소리로도 바뀌었다.

긴 발가락으로 잡초를 밟아 못 자라게 하였으며 연한 것은 뜯어 먹어서 김매기에도 한몫을 하였다. 굵고 튼튼한 부리는 빠른 입질로 멸구나 나방을 쫓았고 벼메뚜기도 달아날 구멍을 찾게 하였다.

날씬하고 매끈한 몸매는 벼포기 사이로 쉽게 다닐 수 있는 구조였고 긴 발가락은 논의 뻘흙에도 잘 빠지지 않는 특수한 구조였다.

오전의 새참 먹을 때를 알리기도 하였고, 오후 참을 먹고 노곤할 즈음에 힘차게도 노래했다.

6월 중순에 장마가 시작되어 비가 내리면 물꼬 낮추라는 소리처럼 들렸고, 비가 그치면 논둑 무너진 곳은 없는지 살펴보라는 듯 논둑에 나와서 노래했다.

거뭇한 벼가 통통하게 속이 차오를 즈음에야 자기의 할 일을 다한 듯 조용히 알을 품는다.

스무날이 지나면 예쁜 뜸병이들이 태어나서 단란한 가족이 탄생하여 수컷은 든든한 울타리가 되고 암컷은 자상한 어미로서 역할을 하였다.

8월은 깃 갈이가 시작되는 달이다.

아기 뜸병이는 까만 깃털을 벗어던지고 성조의 모습으로 탈바꿈을 하고, 새끼를 보호하던 수컷도 자기의 역할을 다한 듯 검은 깃털을 모두 벗고 9월 중순이면 암컷의 깃털과 흡사하게 원래의 모습으로 바뀌었다.

이제부터 뜸병이와 가족은 머나먼 첫 여정길이 바로 눈앞에 다가온 것이다.

※ 뜸병이 : 뜸부기의 어린 새끼(유조)

6. 서식지

논은 벼를 재배하기 위해 논갈이[耕耘], 써레질[碎土·整地], 논둑 만들기, 물대기[灌水], 못자리[苗板] 만들기, 모내기[移秧]의 과정을 거쳐 물을 채우고 벼 등의 작물을 재배하는 농지이다.

'답(畓)' 또는 '수전(水田)'이라고도 한다.

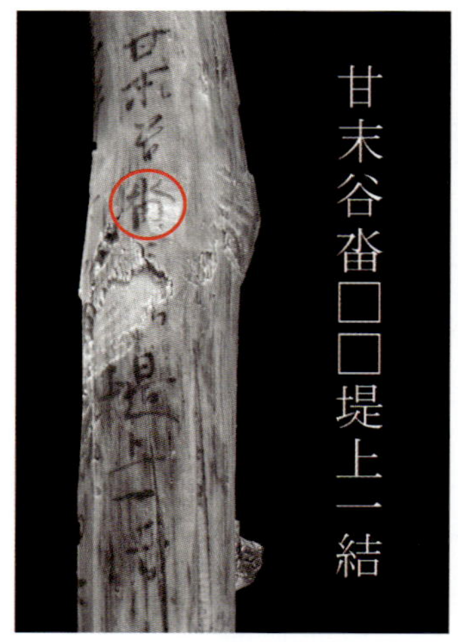

경산 소월리 출토 목간(통일신라)

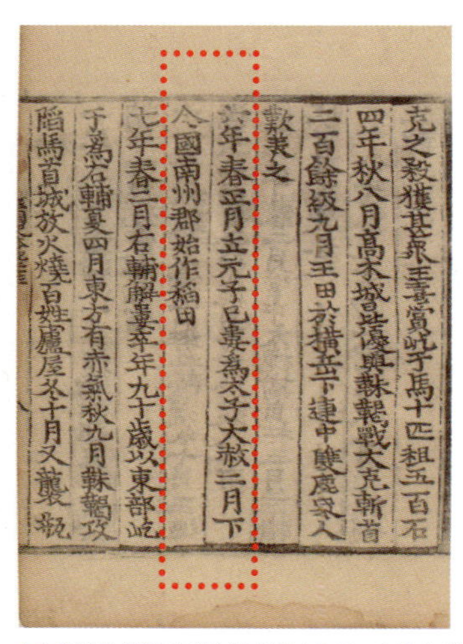

三國史記 百濟本紀(金富軾 1075~1151년)

답(畓)은 수(水)와 전(田)을 조합한 한국에서만 사용되는 독특한 한자이다.

논에 관련된 우리나라 문헌상의 최초 기록은 『삼국사기』 백제본기 다루왕 6년 2월 기사에서 발견되는데, "나라 남쪽의 주·근(州郡)에 영을 내려 처음으로 논[稻田]을 만들게 하였다(二月 下令國南州郡 始作稻田)"는 내용을 통해서 논은 삼국시대부터 있었던 것으로 여겨진다. 재배되는 작물로는 벼가 주된 것이지만 그 밖의 작물도 재배되었다.

논(畓)

논이 오랜 역사를 가지고 있음에도 기록으로 남아 있는 것은 『삼국사기』 백제본기 다루왕 6년이 유일하다.

모내기가 끝나고 제법 자란 논에 나타난 뜸부기가 사방을 경계하고 있다.

原文(원문)
六年 春正月 立元子己婁爲太子 大赦 (육년 춘정월 입원자기루위태자 대사)
6년(서기 33) 봄 정월, 맏아들 기루(己婁)를 태자로 삼고 죄수들을 크게 사면하였다.

二月 下令國南州郡 始作稻田 (이월 하령국남주군 시작도전)
2월, 남쪽의 주와 군에 명을 내려 처음으로 벼 심을 논을 만들게 하였다.

뜸부기의 일생

1. 뜸부기의 생활 터전

1) 뜸부기란

뜸부기 수컷

뜸부기 암컷

① 뜸부기 어원(語源)

"뜸, 뜸" 또는 "뜸북 뜸북" 하는 사랑의 노래에서 따온 이름이다.

② 명칭

듬복이 또는 듬북이라고도 하였으며 한자로는 등계(鶙鷄), 계칙(鸂鶒)이라고 한다.

학명은 Gallicrex cinerea(GMELIL)이다.

2) 농촌과 뜸부기

지구상에 알려진 뜸부기과 조류로는 157종이 있는데 그 가운데 우리나라에 도래하는 뜸부기과 뜸부기는 우리의 농촌 생활과 매우 밀접한 관계로 선조들과 함께 지금까지 많은 애환을 나누며 살아온 새다.

먼동이 트면 일어나라고 소리치는 듯하였고, 오전의 새참 먹을 시간과 오후의 새참 시간이면 어김없이 노래를 불러 마치 때를 알리는 자명종과도 같았다.

장마에 하늘이 어두워지면 비 설거지하라고 하고, 비가 내리면 물꼬 낮추라고 하고, 비가 개면 논둑 무너진 곳 없는지 살피라고 하듯이, 일기에는 매우 민감하게 방정을 떠는 뜸부기다.

3) 환경

뜸부기는 1970년대 우리나라 전역에서 흔히 볼 수 있는 여름새로 우리 농촌의 대표적인 새이며 정서가 담긴 아주 친근한 새였다. 1980년도 이후 급변하는 경제 성장과 함께 농토의 산업화에 따른 환경의 급변화로 개체 수가 급감하여 현재는 한반도 전체에 드물게 도래하여 번식을 하는 귀한 여름새가 되었다.

수컷

몸길이는 40cm 내외로 번식기에는 이마에서 머리꼭대기까지 붉은색의 액판이 있고 몸통은 회색빛이 도는 흑색으로 배에는 회색의 가로 무늬가 있다. 부리는 황색, 액판은 붉은색, 눈은 검은색, 다리는 황록색이다.

번식기가 끝나면 암컷과 유사하게 깃털갈이를 하여 구별이 쉽지 않지만 양 눈밑에 진한 갈색 점과 이마에서 정수리까지 액판이 있던 자리가 선명하여 암수 구별이 된다.

암컷

몸길이는 33cm 내외로 겨울 깃과 비슷한 색깔로 머리 꼭대기는 어두운 갈색, 목 옆은 황색이 낀 붉게 녹슨 색이고 턱밑과 멱은 흰색이다. 몸 위는 어두운 갈색으로 엷은 황갈색의 폭넓은 가장자리가 있다.

몸 아랫면은 황색이 낀 붉게 녹슨 색 혹은 크림빛의 흰색으로 배 중앙 이외에는 석판갈색의 가로띠가 있다.

먹이

- 메뚜기, 잠자리, 물거미, 파리, 나방 등 곤충류
- 가재, 달팽이, 미꾸라지, 개구리 등 논물 속의 수서 동물
- 그 외 연한 식물의 싹과 식물의 씨앗

활동

왕성한 먹이 활동은 이른 아침부터 오전 10시경과 오후 3시경부터 해질녘까지, 흐린 날엔 온 논을 돌아다니며 먹이 활동을 한다.

이른 아침이나 비오는 날엔 날도래, 쉬파리, 잠자리 등 날개가 젖은 채로 날지 못하여 이슬을 피하여 벼 잎사귀에 붙어 있는 것들로 쉽게 배를 채운다.

먹이 활동을 하다가 비가 그치면 논둑으로 나와서 깃털을 다듬기에 여념이 없다.

4) 영역 지키기

영역을 확보하고 주변을 살피고 있다.

오른쪽, 남의 영역에 침범한 수컷

수컷이 마음에 드는 한 구역에 자리를 잡으면 어떤 다른 수컷의 침범도 용납하지 않는다.

오직 암컷만 기다리며 주변을 경계하는데 먹이의 풍요에 따라 영역도 달라지는 듯 보였다.

극도의 긴장과 함께 나란히 힘을 겨루고 있다.

침입자가 나타나자 논둑을 향해 빠른 속도로 나아갔다.

극도의 긴장 속에서 먼저 영역을 점령한 뜸부기가 논둑에서 기다리고 있자 싸움을 건 뜸부기가 뒤따라 올라왔다. 웅크리고 납작 엎드렸다가 튀어오르면서 물고 차기를 여러 번 한 후에 승부는 싱겁게 끝났다.

먼저 와서 지키는 수컷의 승리였다.

오른쪽 뜸부기가 공격이 시작되고

먹이가 열악할 때는 반경이 약 400~500m에도 다른 수컷의 노랫소리에 민감한 반응을 보였는데, 도로 건설 예정지에는 농약을 살포하지 않은 듯, 논에는 우렁이·메뚜기·미꾸라지가 많았고, 수컷들의 영역 반경이 훨씬 짧은지 노랫소리의 거리가 250~300m로 좁아 보였다.

침입자를 응징하는 모습. 지키는 자의 승리로 끝났다.

반경 내에 다른 수컷의 노랫소리가 들리면 가만히 듣고 있다가 즉시 날아가서 응징을 해서 영역 밖으로 멀리 쫓아낸다.

하지만, 침입자가 힘이 막강하여 영역을 지키는 자를 단번에 힘으로 굴복시키고 이 구역을 차지하는 경우도 있다.

영역

영역 내에 다른 수컷이 접근하면 날아가서 응징을 하여 쫓아내기도 하지만 간혹 힘이 약하여 도리어 침입자에게 패하여 영역을 내주기도 하였다. 그러나 대부분은 먼저 정착한 수컷이 이기고 당당하게 암컷을 맞이하였다.

뜸부기가 선호하는 곳은 얕은 물이 있는 습지의 부들풀이나 수초지와 논 주변의 우거진 풀밭을 무대로 삼았다.

영역 다툼

수컷은 5월 말~6월 초순이면 머나먼 여행을 끝내고 갓 심어진 무논한 구역을 정하여 정착을 한다. 암컷보다 무려 일주일에서 열흘 정도 먼저 날아와서 마음에 드는 구역을 선택한다.

먼저 와서 한 구역을 점령한 수컷은, 자신의 영역에 늦게 온 또 다른 수컷이 그 장소가 마음에 들어서 내려앉으면 먼저 온 수컷이 즉시 날아가 자기 구역에 왔다고 싸움을 건다.

일정한 간격을 두고 서로를 마주 노려보며 공격 자세를 취한다. 그리고 바로 옆에 풀포기를 툭툭 쪼기도 하다가 닭처럼 날듯이 뛰어오르며 상대를 물고 발로 거칠게 찬다.

한두 번 거칠게 발길질하고 나면 대부분 승패가 결정되나 체력이 비슷하면 다시 넓은 논으로 이동하면서 서로 거리를 유지한 채 나아가다 또 멈추고 또 한 번 물고 차며 웅크리고 앉아 싸울 자세를 취한다.

몇 번 싸우고 나면 힘이 약한 놈이 뛰어오르며 날아서 다른 논으로 멀리 달아난다. 이긴 수컷은 의기양양한 모습으로 논둑에 서 있다가 무성한 벼포기 속으로 사라진다.

5) 사랑의 노래

수컷은 암컷을 유혹하기 위해 목을 둥그렇게 말아 털을 곧추세우며 입을 벌리고 고개를 숙인 채 온몸으로 소리를 토해낸다.

그 소리는 약 1km 밖에서도 선명하게 들린다.

한참 "뜸뜸" 소리를 내다가 고개를 들고 사방의 동정을 살핀다.

암컷을 유혹하기 위해 노래하는 수컷의 모습

실제 뜸부기 소리는 "뜸북 뜸북" 또는 "뜸뜸"이 아니라 "컥컥" 하듯 묘한 목과 배의 울림 소리이다.

해마다 5월 하순이면 기다렸다는 듯이 그들이 고향의 들녘으로 돌아왔다.

수컷들은 열흘 정도 먼저 와서 좋은 자리를 잡고 암컷을 기다린다.

혹여 다른 수컷이 자기의 영역에 들어오면 필사적으로 싸워 쫓아낸다.

뜸부기 수컷은 사랑의 계절이 되면 멋진 신사복으로 갈아입고 논의 일정한 영역을 차지한 채 다른 수컷의 접근을 극히 경계하였다.

울음 소리로서 영역임을 다른 수컷들에게 알림과 동시에 암컷에게는 사랑의 노래로 유혹한다.

○ 사랑을 찾아서 노래하다.

최선을 다해 노래하는 뜸부기 수컷의 부리에 침인지 체액 같은 것이 연결되어 있다.

수컷은 자신의 강인함을 사랑의 노래로서 한껏 과시를 한다.

암컷이 보이면 그 주변을 배회하다가 조금씩 다가서는 모습을 보이며 수시로 툭 트인 논둑에 올라가서 살피는 모습을 보였다.

벼의 키가 작으면 논둑 아래에서 활동을 하고 주변이 조용하면 가만히 논둑 위로 올라가 좌우로 한번 살펴보고 목을 들어 둥글게 말듯이 굽혀 목털은 곧추세우고 입은 반쯤 벌린 상태로 소리를 낸다.

목이 열린 상태로 숨을 짧게 토해내듯 온몸이 들썩거린다.

콩~ 콩~ 콩~ 콩 콩 콩 콩콩콩……

아주 특이하고도 묘한 목 울림 소리다.

온몸으로 힘을 다해 토해내는 소리는 공릉천 논둑길에서 한참 거리인데도 잘 들렸다.

급히 마시던 커피를 내동댕이치고 농로에 미끄러지듯 조심스럽게 자동차로 달려서 가 보니 커피 마시던 곳과 뜸부기가 우는 곳이 직선 거리로 1km 거리는 조금 더 되는 것 같다.

처음 시작할 때는 조금 길게, 차츰 짧은 간격으로 단축되면서 "뜸뜸…" 소리로 들리는 듯하였다.

뜸부기의 울음은 '뜸북뜸북' 소리를 내며 울지는 않았다.

실제 뜸부기가 우는 모습과 울음 소리를 들어 보면 먼저 툭 트인 논둑을 선호하여 사방을 살핀 다음 머리는 등보다 낮추고 아래로 고개를 숙인 상태로 목을 둥글게 말고 목털을 곤추세워서 배를 불룩거리며 공기를 토해내듯 짧고 점점 빠르게 '컥' 소리를 낸다.

처음에는 무척 힘겹게 기침을 하듯 '컥, 컥, 컥' 하는 소리로 시작하다가 '컥' 소리가 배와 목의 울림 소리와 합쳐서 '뜸' 소리로 바뀌는 듯하다.

'뜸, 뜸, 뜸, 뜸, 뜸…' 하고 그렇게 우는 것으로 오랫동안 구전되어 왔기 때문에 뜸부기란 이름도 얻은 듯하다.

실제 이 소리는 수컷만 내는데 가까이서 들으면 '컥, 컥……' 하듯 들린다.

격정적일 때는 아랫부리와 윗부리 사이의 끝 가까운 부분에 침이 길게 한두 가닥 연결되어 있는 것을 간혹 볼 수 있는데 온몸의 힘을 다해 숨을 토해내듯 지속적인 소리를 낼 때 나타났다.

6) 목욕하는 뜸부기

양날개를 등뒤로 부비며 머리를 물에 넣었다가 치켜들어 등으로 물이 흐르게 한다.

오른쪽 날개로 물을 쳐서 오물 및 진드기를 털어낸다.

다시 한 번 머리를 물 속에 넣었다가 빼면서 양날개를 헹구듯 턴다. 오른쪽 날개로 힘차게 털다가 왼쪽 날개로 교차 털기를 한다.

머리를 물 속에 푹 넣었다가 위로 쳐든다.

양날개를 고차시키며 물에 첨벙인다.

오른쪽 날개를 물에 탁탁 친다. 그리고 왼쪽 날개 위로 머리를 문지른다.

왼쪽 날개를 치다가 깃 오른쪽 날개에 머리를 문지른다.

빗방울이 후둑후둑 떨어졌다.

멀리서 아스라이 빗속을 뚫고 들리는 소리……

콩콩콩콩콩…… 컥, 코~콩콩콩콩……

배와 목의 일통된 울림으로 아주 묘한 소리다.

이제 막 이앙된 논의 노릇한 갓 심은 벼포기가 있는 논에 떨어지는 빗방울이 튀어올라 이슬이 되었다. 비는 한두 방울 후두둑 떨어지다가 이슬비가 되어 들녘을 덮었다.

뜸부기 수컷은 논둑에 올라섰다. 이슬비는 아랑곳 않고 내리는데 그 특이한 소리로 들녘을 가득 메웠다.

애절한 짝 부르는 소리!

부르다 말고 좌우로 살피더니 아무 응답이 없는지 갑자기 휙 날아올라 작은 제방을 넘어 사라졌다.

날아간 곳으로 따라가니 비어 있는 논의 잡초가 자라는 곳에서 또 목을 둥글게 말고 애타게 짝을 부르고 있었다.

콩콩콩콩콩…… 컥, 코~콩콩콩콩……

노래를 부르다 반응이 없자 이번에는 날지 않고 걸어서 벼가 이앙된 논으로 들어갔다. 벼 이슬을 훑으며 수컷은 낮은 자세로 일직선으로 심어진 벼포기 사이로 나아가더니 밭두둑을 향해 주저앉아 날개를 펄럭이며 물을 끼얹는다.

날개에 묻은 먼지를 털듯 물장구치는 모습과 흡사하게 물에 푹 담갔다가 날개를 앞뒤로 파도처럼 일렁이면서 퍼덕였다.

심지어 머리도 물 속에 들여밀듯 담갔다가 번쩍 쳐들었다.

꽁지는 높이고 목을 늘려 머리를 물 속에 푹 집어넣었다가 곧추세우기를 몇 번, 다시 양날개를 파닥파닥, 어린아이가 물장구치듯 물을 튀기다가 부리로 깃털을 꼼꼼이 골랐다.

오른쪽 날개를 힘차게 물장구치듯 털다가 왼쪽 날개도 번갈가며 날개를 털었다. 그리고 몸을 낮추었다 높였다 하면서 양날개를 물에 헹구듯 담갔다 뺐다를 거듭했다. 머리를 뒷날개에 문지르기도 하고 깃 고르기도 했다. 물장구친 파문 위엔 하얀 가루 같은 것이 둥둥 떠 있었다.

뜸부기 수컷은 왔던 길처럼 되돌아나와 논둑에 나와서 몇 번 깃털을 다듬더니 훌쩍 날아올라 공릉천 너머 조그마한 점으로 사라졌다.

7) 만남

암컷과 수컷의 만남

6월 중순쯤이면 그들의 만남이 시작되었다.

모내기를 하고 1~2주 정도 지나면 모는 새 뿌리가 내리고 제법 거뭇 거뭇해진다. 이제 막 우화한 듯 여린 잠자리가 벼포기에 붙어 있다가 암컷 뜸부기의 먹이가 되었다.

논 한귀퉁이에 농막을 치려고 철골이 세워진 곳에 몇 년을 방치한 듯 부들풀이 무성하게 자리잡고 있었다.

수컷이 그 부들풀을 향해 사랑의 노래가 시작되었다.

암컷과 수컷의 사랑 표현

무성한 부들풀이 마구 흔들리더니 그 속에서 암컷이 튀어나왔다.

논 가운데로 나와 한가롭게 먹이를 찾고 있는 암컷…….

뒤이어 수컷이 성큼성큼 암컷에게 다가섰다. 하지만 암컷은 못 본 체 딴청이다.

수컷은 목털을 부풀린 채 암컷을 향해 한쪽 날개를 펴서 늘어뜨리고 턱을 당기듯 머리를 웅크리며 다가선다. 그리고 시계 방향으로 암컷 주위를 반 바퀴 빙 돌았다.

갑작스러운 수컷의 행동에 암컷은 놀라서 자리를 피하려 했다. 그래도 수컷은 계속 따라가면서 구애 행동을 취했다. 목털을 부풀리기도 하고 온몸을 한껏 웅크리기도 하고 온몸을 부르르 떨기도 하면서 암컷에게 다가간다.

암컷은 수컷이 마음에 들지 않았는지 이리저리 피하다가 다시 부들풀 앞으로 다가섰다. 아직 사랑할 여건이 되지 않았는지 수컷이 가까이 다가오는 것을 허락하지 않았다.

망설이는가 싶더니 다시 부들풀 속으로 들어갔다. 수컷이 따라 들어가니 잠시 후 암컷이 나오고 수컷도 나왔다.

암컷이 부들풀 줄기에 있는 실잠자리를 발견하여 잡으려고 목을 길게 뺐다. 암컷이 먹이를 사냥하는 동안 또 수컷이 재빨리 곁으로 다가서서 온몸을 암컷 쪽으로 기울이며 날개를 비스듬히 편 채 암컷 주변을 반 바퀴 맴돌았다.

암컷은 자리를 피하려고 부들풀 사이로 들어가도 수컷은 개의치 않고 따라 들어간다. 그 안에서도 못 견디겠는지 뛰쳐나오자 수컷도 뒤따라 나온다.

수컷은 논둑에 따라 올라가 암컷 뒤에 다가선다.

암컷은 이리저리 피하다가 결국 논둑을 향해 빠르게 뛰어 올라갔다.

수컷은 멍하니 섰다가 조심스럽게 논둑에 따라 올라가 암컷 뒤에 또 다가선다.

암컷은 재빨리 2~3m 빠르게 간격을 두면서 몸을 웅크렸다. 여차하면 다른 곳으로 날아가겠다는 의미이다.

그래도 아랑곳하지 않고 다가가서 사랑을 표현했다. 수컷은 무척 저돌적이다. 몸을 부비듯 들이대더니 세운 털을 접고 더 가까이 다가서려고 했다.

암컷은 기겁하듯 "꽥!" 소리를 지르면서 훌쩍 뛰어 날아올라 멀리 강 건너로 날아갔다.

수컷은 놀란 듯 물러서더니 고개를 갸우뚱거리며 서 있다가 잠시 후에 암컷이 날아간 방향으로 뒤따라 강 건너로 날아갔다.

8) 고백

1. 부들풀 숲을 향해 사랑의 노래를 부르고 있다.

2. 노래를 멈추고 부들풀 숲으로 들어갔다.

3. 바로 암컷이 밖으로 나왔다.

4. 수컷은 양날개를 약간 벌리고 목털을 부풀렸다.

5. 암컷이 놀란 듯 날개를 펴고 수컷 앞을 스치듯 뛰어갔다.

6. 가다 말고 수컷을 축으로 좌측 타원형으로 돌았다.

7. 날개를 펴고 수컷 앞으로 빠르게 다가왔다.

8. 수컷은 양날개를 벌리고 온몸의 깃털을 세웠지만 암컷은 지나쳤다.

9. 수컷은 깃털을 부풀린 채 고개를 숙이고 사랑의 노래를 불렀다.

10. 암컷이 부들풀 앞에서 날개를 펴고 휙 돌아서며 달려왔다.

11. 빠르게 수컷 앞을 지나간다.

12. 논둑으로 가다 말고 휙 돌아선다.

13. 암컷이 수컷의 좌측으로 빠르게 돌아 부들풀까지 가니 수컷이 따라 왔다.
    암컷은 빠르게 돌아서 나오고 있다.

14. 암컷이 수컷을 피하여 논둑으로 가다 말고 돌아서 수컷을 본다.

15. 암컷이 또 수컷을 지나치며 부들풀을 향해 빠르게 간다.

16. 암컷은 부들풀 앞에서 빠르게 돌아 논 중앙으로 나온다.

17. 암컷은 수컷을 돌아 부들풀 앞을 향한다.

18. 암컷은 부들풀 숲속에 들어갔다가 다시 나왔다.

19. 수컷이 다가서니 암컷은 논둑을 향해 빠르게 뛰어갔다.

20. 수컷도 놀란 듯 잠시 있다가 빠르게 뒤따라갔다.

21. 암컷이 논둑에 올라서니 수컷은 막 도착해서도 애정 공세를 취했다.

22. 암컷은 빠르게 벗어나 논둑을 걸어간다.

23. 수컷이 다가서자 암컷은 날아갈 자세를 취했다.

24. 수컷이 애정 공세를 취하자 암컷은 "꽥" 소리와 함께 날아올라 강 건너로 날아갔다.

25. 수컷은 놀라서 물러서더니 암컷이 날아간 방향을 쳐다보고 있다.

26. 그리고 좌우를 살펴보고 애정 표현 하던 자세를 한번 취해 본 후 허리를 구부렸다 펴는데,
    몹시 안절부절하는 모습이다.

27. 과시하듯 어깨를 벌렸다 오므렸다 하다가 고개를 갸우뚱했다.

28. 잠시 후 수컷도 암컷이 날아간 방향으로 날아올랐다.

9) 뜸부기의 사랑

　왕복 4차선 도로 다리 아래는 갈현배수장으로 물이 들어가는 배수로로 배수장을 통해 공릉천으로 물이 흐르는 작은 개천 겸 농수로이다.

　비스듬한 둔덕으로 이루어진 도로의 다리 밑은 '바람의 문'이라 해도 과언이 아닐 만큼 한여름에도 시원한 바람이 불어와, 더위를 피하려는 태공들의 차가 1~2대 정도는 늘 정착하고 있었다.

　2020년 6월 13일 11시 50분, 갈현배수장의 동북 방향 개천 겸 농수로 도로로 가기 직전의 우측 논에서 뜸부기가 사랑을 노래했고 좋은 짝을 만나 축복의 장소가 되었다.

　우묵한 논 중앙쯤 수컷의 머리가 보일 듯 말듯 붉은 볏이 하늘거렸다.

수컷이 부르는 사랑의 노래가 적막을 타고 울렸다.

왼쪽 논둑에서 암컷이 다가왔다.

왕복 4차선 도로 아래 우묵한 논 중앙쯤에서 수컷이 부르는 사랑의 노래가 적막을 타고 울렸다.

　왼쪽 논둑에서 암컷이 다가왔다.

다시 왼쪽 논으로 암컷이 들어가니 수컷이 뒤따랐다.

얼마쯤 가다가 암컷이 멈추고 뒤돌아보고 있었다.

수컷은 암컷 뒤를 따라가면서 구애를 하고 있다. 암컷이 멈추자 수컷이 바싹 다가왔다.

수컷이 뒤 따라와서 재차 구애하자 암컷은 살짝 오른쪽으로 피했다.

암컷이 수컷을 지나 빠르게 왼쪽으로 이동했다.

암컷이 재빠르게 논둑으로 올라섰다가
윗논으로 들어갔다.

암컷이 걸어간 논둑으로 수컷도 답습하듯
걸어갔다.

암컷이 멈추어서는 듯하더니 첫 사랑이 시작되었다.

수컷은 사랑의 순간에 미끄러지려는 찰나, 무게 중심을 날개로 잡았다.

사랑의 격정의 순간이 지나자 수컷이 앞장서서 걸어가고 암컷이 뒤를 따랐다.

　수컷이 조심스럽고 빠르게 암컷을 향해 다가갔다.

　수컷의 끈기 있는 구애에 암컷은 가만히 선 자세로 다리를 굽히고 몸을 낮추자 수컷이 암컷 등 위로 올라갔다.

　수컷은 양날개를 흔들어 균형을 잡고 날카로운 발톱에 암컷의 등이 다치지 않게 발가락을 쫙 펴고 양날개로 균형을 잡으며 짝짓기를 했다.

　뜸부기는 오후 1시부터 4시 반까지 3시간 30분 동안 두 번이나 짝짓기를 하였다.

10) 둥지와 알

뜸부기의 둥지와 알(남해군청 홍보팀 제공)

산란수는 보통 5~9개이나 주변 환경에 의해 산란수가 상당히 영향이 미치는 것으로 보인다.

특히 먹이가 풍부하고 은신처가 좋을수록 산란수가 많았으며 농약 등 살충제로 먹이 감소와 제초제에 의한 은신이 열악한 곳일수록 산란수가 적었다.

알은 바탕색이 옅은 갈색, 붉은 빛을 띤 흑갈색 점이 들어 있다. 산란기는 6~8월 사이이며 알은 타원형으로 크기는 긴 쪽이 39~46mm, 짧은 쪽이 28~33mm, 무게는 21~22g이다.

둥지는 하천, 논둑, 논밭이 있는 밭둑, 부들풀 숲이나 논에서 벼포기를 접어 얼키설키 엮어 지름 20~30cm 가량의 접시 모양의 둥지를 짓는다. 암컷은 한배에 10개 안팎의 알을 낳는다.

포란 시기는 6월 중순부터 7월 말까지로 보이며 위와 같이 보통 한 배에 5~9개 알을 품지만, 서산 귀밀리 같은 경우에는 11개의 알을 품어 모두 부화한 것으로 나타났다.

11) 포란 및 부화

포란 기간이 19~22일이며 암컷의 몫인 듯했다.

암컷은 알을 품는 동안은 언제나 바쁘다.

무성한 풀로 잘 가려진 곳에 둥우리를 틀고 한배에 5~9개의 알을 낳아 품었다. 암컷이 포란 전기간(기간 19~22일)을 품으며 잠깐씩 먹이 활동으로 하루 1~2시간 둥지를 비운다.

알이 천적들에게 들킬까 봐 몸을 최대한 낮추고 재빨리 빠져나왔다가 먹이 활동을 하고 다시 들어가 둥지를 살핀 후 알을 품는다.

하루에 한두 차례 둥지를 비우는데, 잘 먹지도 못한 채 알을 품고 굴리며 긴긴 시간을 인내하고 보내기를 22일, 드디어 온몸이 새까만 아기 뜸부기가 태어났다.

근래에 언론을 통하여 보도된 것과 개인들의 조사에 의하면, 한배의 알의 갯수와 어린 개체는 다섯 마리 이상이었다.

다만 부화 후 육추 중 1~2주(週) 이내로 어린 개체가 급격히 감소하여 평균 감소율이 2/5, 또는 2/6로 생존율이 매우 낮았다.

대체로 알을 품는 시기는 6월 중순부터 7월 하순이면 끝이 나지만, 간혹 9월 초순에 어린 개체가 보이는 것은 간혹 나타나는 2차 번식으로 추측된다.

어미는 알을 깨고 나온 새끼의 새까만 털의 물기가 마르기를 기다리며 새끼들이 어미 품을 마구 들쑤시고 야단일 때에, 미처 알 하나가 부화되지 않았는데도 반나절 또는 한나절을 더 기다렸다가 알을 버려 둔 채 어린 개체를 데리고 미련없이 둥지를 떠났다.

어린 뜸부기는 질척이는 논의 흙이나 논둑의 흙색깔처럼 온몸이 까만 털로 덮여 논흙에 납작 엎드리거나 그늘에 숨으면 어디에 있는지 육안으로 확인이 쉽지 않은 보호색이었다.

암컷의 앞가슴 중앙 깃털이 아래로 죽 갈라지듯 헤쳐진 것은 포란하고 있었다는 증거이며, 육추 중에는 새끼의 부화가 1~2주 이상 지나지 않았다는 포란의 그 흔적이다.

갓 태어난 아기 뜸부기는 온몸이 온통 새까만 솜털로 덮여 있고 까만 부리의 끝 부분이 하얗다. 어미가 논둑에 나오면 아기 뜸부기는 어미 품속에 파고들기도 하고 벼포기 아래에 있는 벌레를 잡아먹기도 했다.

이번 주에는 논에 벼를 심지 않아 피만 무성하게 자란 논에서 그들을 만났다.

아기 뜸부기만 지난 주에는 5마리였는데 이번 주에 보니 2마리만 보였다. 아마 세 마리를 잃어버린 모양이었다.

＊ 자료 수집 : 경기도 포천, 경북 상주, 칠곡, 경남 남해

12) 육추(교육)

깃털을 고르는 어미 주변에서 놀고 있는 새끼들

유조를 키우는 데는 암컷의 영향이 대단히 크다.

새끼는 5마리, 온몸 전체가 병아리처럼 보슬보슬한 까만 털로 덮였고 부리가 절반까지 검고 절반이 흰 개체가 있는가 하면, 부리 전체가 검고 다만 끝 부분만 살짝 흰 개체도 있었다.

2주 내내 수컷은 유조 곁에 보이지 않았고 그 주변에는 언제나 암컷이 벼포기 사이에 가끔 목을 길게 내밀고 주변을 살피고 있었으며, 어미가 풀이나 벼포기 사이에 붙은 하루살이나 작은 곤충을 잡아먹으면, 새끼는 어미가 먹는 것을 보고 따라서 먹이 활동을 하고 있었다.

먹이 활동을 하다가 한 녀석이 쪼르르 달려가 어미 가슴을 파고들면 다른 녀석들도 덩달아 어미 가슴 속으로 들어가고, 어미는 마른 장소로 살짝 이동하여 새끼를 품고 앉았다.

13) 육추(1차 감소)

다섯 마리에서 두 마리만 어미 뒤를 따르고 있다.

일주일 후 그 장소에 갔더니 아직도 그 장소에서 멀리 벗어나지 않고 암컷이 새끼들을 데리고 먹이 활동을 하고 있었다.

다만 지난 주의 5마리가 오늘은 2마리만 눈에 띄었고 새끼들의 몸집만 상당히 커졌다.

2마리는 참으로 귀하게 보였다.

쉴새없이 이리저리 마냥 돌아다니며 벼잎에 붙은 까만 벌레를 홀짝 뛰어서 한입에 넣고 다니면 어미는 새끼를 따라 뒤를 따르고 있었다.

뜸부기의 유조는 생존율이 대단히 낮았다.

파주 공릉천 주변 논에서 처음에 다섯 마리가 부화하였으나 2주일 후 3마리, 1개월 후에는 2마리가 어미를 따라 쓰러진 벼 위에서 노닐었다.

14) 성장

유조를 앞세우고 뒤따르는 암컷 뜸부기

성조에 근사한 5주차 유조

양 날개를 펴고 황급히 달리는 유조

암컷이 전적으로 유조들을 데리고 다녔으며, 어미가 먹이를 잡아먹는 것을 보고 그대로 따라 답습하였다.

4주차부터 어미의 주변에서 자유로이 먹이 활동을 하였으며 간혹 어미가 멀어져 보이면 새끼들은 아직 솜털과 깃봉(어린 깃을 감싼 원뿔 모양)만 생긴 날개를 펴고 황급히 어미를 향해 달리는 모습도 보였다.

5주차에는 깃봉이 터져 날개깃도 많이 자라서 거의 성조의 모습으로 변모하였으며 무척이나 자유롭게 돌아다니면서 먹이 활동을 보였으나 그래도 어미와는 지근 거리에서 먹이 활동을 할 뿐이었다.

15) 아비의 교육

아비성조의 행동을 답습하고 있다.

무엇이 마음에 들지 않았는지 혼을 내고 있다.

새끼는 그해 가을에 데리고 남하했다가 다시 그 장소로 날아온 것으로 보이는 개체가 간혹 눈에 띄며, 2년생 새끼 수컷은 성조인 아비 수컷보다 키와 이마의 액판이 조금 작을 뿐 구분이 잘 되지 않는다.

또 새끼 수컷은 아비 수컷을 따라다니며 아비의 흉내를 내는 경우가 종종 있으며, 또한 혼나기도 하면서 아비 곁에서 행동을 답습하고 있었다.

16) 육추(2차 번식)

유조 3마리가 발견된 장소[7월 23일(토)]. 인근에 어린 개체 6마리가 포착되었다[(9월 3일(토)].

번식 철이 아닌 9월 3일(토요일)에 어미가 어린 개체 여섯 마리를 데리고 송촌배수장 앞뜰 마을 근처에 나타났다.

다른 어미를 따르는 개체는 제법 성장하여 까만 솜털을 다 벗고 꽁지깃과 양날개 깃봉이 터지고 있어 1주일 후면 제법 날 수도 있을 시기였다.

자동차가 두려운지 4~5초도 되지 않아 금방 버포기 속으로 숨었다.

이제 부화한 지 일주일도 안 된 어린 개체를 데리고 어미는 먹이를 찾고 있었다.

추석을 딱 일주일 앞두고 육추가 시작이라니, 10월 초순에는 거의 벼를 다 베어 버려 남은 논이 많지 않을 텐데 걱정이 앞선다.

2007년 여름에 필자는 원병오 박사님을 찾아뵌 적이 있었다.

올림픽공원에서 조류 탐사중 꿩의 꽁지와 알을 밟아서 꽁지는 뭉텅
그리 빠지고 알은 7개 중 4개가 깨졌다.

필자는 너무 놀라서 주저앉았고 꿩은 꽁지깃 다 빼놓고 비틀거리며
날아서 도망갔다. 너무나 미안한 마음에 다음 날에도 살그머니 들여다
봤지만 알만 3개가 덩그러니 있었다.

원박사님께 전화드리고 방이동 아파트로 찾아뵈었더니, "간혹 조류
들은 1차 번식을 실패하면 2차 번식으로 이어가는 것이 순리이니 너무
걱정 말라"고 하시며 꿩도 그 중의 한 종이라 하셨다.

그날 이후 필자는 산란기 철에는 종다리·멧새·꿩 등이 서식할 만한
장소를 극히 꺼리는 습성이 생겨났다.

이런 연고로 뜸부기와 쇠뜸부기사촌을 촬영하면서도 둥지를 찾지 않
은 것은 그들의 삶을 파괴하고 싶지 않은 두려움이 앞섰기 때문이었다.

17) 육추와 보호

수컷도 어린 개체 주변을 돌며 항상 경계를 게을리 않는다.

심지어 자신보다 훨씬 큰 중대백로도 어미와 새끼 근처의 접근을 막
아서며 논둑 끝까지 나란히 서서 몰아내고 있었다.

날개를 늘어뜨리고 바짝 몸을 밀착시켰다.

뜸부기에게 밀려나는 중대백로

한순간도 방심하지 않고 온몸으로 중대백로를
밀어내는 뜸부기

뜸부기의 성화에 계속 밀려나는 중대백로

중대백로 옆에 나란히 가면서 계속 경계를 하는 뜸부기 수컷

방심하면 가차없이 몸으로 밀었다.

논둑 끝까지 밀어내고도 다시 살피고 있다.

긴 논둑을 거의 끝까지 밀어내고 안심이 되는지 돌아섰다.

중대백로를 몰아내고 가벼운 발걸음으로 논둑을 되돌아오고 있다.

가족의 안녕을 위해 온몸으로 막아내는 수컷의 사랑!

참새도 한입에 삼키는 중대백로를 가족과 멀리 이격시켜 놓고 돌아
서는 부성애였다.

18) 국내 번식 뜸부기과 유조의 비교

유조명	부리(초기)	몸	유조
뜸부기	부리가 절반은 희고 절반은 검은색인데 검은색이 조금 더 많은 편이다. (앞쪽은 희고 눈 앞쪽은 검다) 하루가 다르게 흰색이 줄어든다.	1. 몸 전체가 검은 솜털이다. 2. 부리는 하루가 다르게 머리 쪽에서 부리 끝으로 검어진다.	
쇠뜸부기 사촌	부리 전체가 흰색이다. 하루가 다르게 흰색이 줄어든다.	1. 몸 전체가 검은 솜털이다. 2. 부리 전체가 하얗다.	
쇠물닭	부리 전체가 검붉은색이다.	1. 몸 전체가 검은 솜털이다. 2. 갓 태어난 유조의 부리는 붉다.	
물닭	부리는 밝은 선홍색이며 끝은 희다. 목 부위 솜털부터 정수리까지 짙어가는 선홍색이다.	붉은 검은 솜털이나 가슴부터 머리로 점점 더 진한 선홍색 솜털이다.	
흰배 뜸부기	부리 전체가 검다.	전체가 검은 솜털인데 눈밑에 선명한 흰 반점이 있다.	연한 검은색이다.

※ 위 비교표를 보면 유조를 구분할 수 있는 것은 부리만이 쉽게 가능하다.

환우(換羽 ; 털갈이)[molting]

1. 수컷의 깃털갈이

깃털갈이를 한 수컷

뜸부기는 대개 번식 후 1년에 1회 털갈이를 한다.

뜸부기 수컷의 생식깃은 아름다운 깃털과는 달리 진한 회흑색으로 매끈하고 멋스럽다. 특히 5월에 우리 농토에 왔을 때의 모습은 거의 완벽한 상태에서 발견되었다.

또한 우리나라에서 필리핀이나 미얀마, 베트남으로 갈 때는 암수의 구분이 어려울 만큼 환우(깃 갈이)가 끝난 상태에서 가는 것으로 보이

며, 그들이 태어나고 자란 고향인 우리의 농토로 귀소할 무렵에 수컷의
모습은 번식기 직전 때 모습으로 찾아왔다.

뜸부기는 8월부터 털갈이를 하여 반가운 모습이 아니다. 온몸의 털과
날개의 깃이 빠지고 새로운 깃이 날 때까지 약 1개월 동안은 생존을 위
협받을 만큼 부담스럽게 보일 때도 있었다.

뜸부기는 여름의 번식이 끝나면 수컷은 암컷을 닮은 밝은 갈색 빛깔
로 털갈이를 하는데, 날개의 깃털갈이는 조류의 나는 힘과 밀접한 관계
가 있으며 이동 전에 털갈이를 한다.

일반적으로 날개깃의 털갈이는 첫째 날개깃은 안쪽에서, 둘째 날개깃
은 바깥쪽에서부터 각기 시작되어 하나씩 빠져나간다.

즉, 이것은 최소한의 날 수 있는 자기 방어 수단이기 때문이다.

뜸부기 수컷은 한꺼번에 털갈이가 이루어지는 경우도 있으며, 깃갈이
가 시작되면 노란 부리도 서서히 옅은 갈색으로 변화되며 입의 안쪽 위
부리의 붉은 흔적이 날개깃 자람과 함께 진갈색으로 변하였다.

풀숲, 또는 무논에서 잘 나오지도 않지만 어쩌다 밖에 나온 것을 보
면 털을 둘둘 말아서 뽑은 듯 보이며, 노란 부리 안쪽이 붉어서(유조의
깃갈이는 부리가 검다) 수컷 성조임을 알 수가 있다. 성조의 깃털이 다
빠지고 새 깃털이 나오니 체격도 엄청 작은 것같이 보이나 환우가 끝나
면 그래도 암컷보다 키도 크고 부리도 크며 눈의 앞쪽 아래에 있는 진
갈색 점이 수컷임을 알려준다.

수컷은 이때가 천적으로부터 가장 취약한 민감한 시기로, 숨어 있어
서 무논 밖에서는 거의 볼 수가 없다.

털갈이란 조류가 사용하던 깃털이 빠지고 새로운 깃털로 바뀌는 것

어미를 따르는 새끼 뜸부기

을 말하는데 조류는 대개 번식 후 연 1회의 털갈이를 한다. 즉 이를 환우(換羽)라고도 한다.

봄에 태어난 어린 새도 이 시기에 털갈이를 하여 성조(成鳥) 또는 아성조(亞成鳥)의 깃털로 덮인다.

오리류에는 아름다운 수컷이 많은데 이들은 겨울 동안에 암수가 짝 지으므로 가을의 털갈이로 생겨난 깃털이 사실상의 생식 깃털이 된다.

조류 가운데에는 봄이나 여름의 번식이 끝나면 수컷은 일단 암컷을 닮은 어두운 빛깔의 깃털로 털갈이를 하는 종이 있다. 이것을 에클립스(eclipse) 깃털이라고 부르는데, 오리와 기러기류에서 볼 수 있는 뜸부기의 겨울 깃도 여기에 해당된다.

2. 수컷 뜸부기의 깃털 및 액판의 변화

1. 오월 중순에서 6월 초 모습
금년 처음 수컷이 관찰되었을 때 이마에 선홍빛 액판도 작고 온몸도 붉은빛이 도는 갈색 바탕에 등에는 검은 듯 짙은 갈색 다원형 줄이 짧거나 길게 꽁지 쪽으로 형성되어 있었으며 짝을 찾아 울지도 않고 가만가만 다니며 주변을 살피고 있었다.

2. 유월 초순에서 중순의 모습
검은 듯 진한 흑회색을 띤 수컷은 이마부터 정수리까지 밝은 선홍색 액판의 크기도 최고조에 달하며 정수리에 뾰족하게 솟아 있다.
논의 안 벼포기 사이에서 울기도 하는데 대부분 파란 논둑 중에 풀의 크기가 작은 곳을 선호하고, 한번 격렬하게 울고 나서 주변의 동정을 두루 살피는 것이 특징이다.

3. 육추하는 암컷 주변을 서성인다
수컷은 검던 몸이 머리와 목, 가슴은 검은빛 감도는 회색으로, 등과 날개는 짙은 적갈색으로 바뀌고 정수리의 액판도 상당히 줄어든 모습이었다.
(2024년 8월 10일)

4. 번식 이후의 수컷 모습(1)
빛의 각도에 따라서 조금 다르게 보일 수 있겠지만 정수리의 붉은 액판도 더 줄어진 듯 보이고 전체적인 검은색도 상당히 엷어진 듯하였다.(2024년 8월 17일)

5. 번식 이후의 수컷 모습(2)
벼포기 사이에서 걸어 나오는 뜸부기 수컷은 역광을 받아 검게 표현되었지만 일주일 전보다 더 확실하게 정수리의 붉은 액판이 줄어들어 발정기 때와는 사뭇 다른 모습이다.
(2024년 8월 25일)

3. 번식 이후 수컷의 특징

1. 암컷보다 키와 몸이 더 크다.
2. 이마부터 정수리까지 액판 자욱이 선명하며 정수리에 액판을 감싸던 깃털이 조금 솟아 있다.
3. 눈 밑에 진한 흑갈색 점(點)
4. 노랗던 부리가 옅은 갈색으로 바뀌었다.
5. 깃갈이가 끝나면 간혹 가족끼리 밖으로 나와 놀아 주기도 한다.
(2022년 9월 1일)

깃털갈이를 끝낸 뜸부기 수컷

온몸의 깃털갈이가 거의 동시에 이루어지지만 양날개 깃갈이 변화가 가장 늦게 이루어지고 심지어는 잘 날 수 없는 경우까지 생겨 뜸부기에게는 매우 민감한 시기이다.

이 시기에는 좀처럼 벼 포기 밖으로 나오지 않는다.

위의 사진처럼 이마와 정수리 부분에 수컷의 상징인 액판이 있던 흔적이 선명하고 정수리 액판을 감싸던 깃털이 조금 솟아 있다.

부리와 정수리, 눈 밑의 진한 흑갈색 점도 수컷임을 알려준다.

(2024년 9월 29일)

4. 유조의 깃털갈이

뜸부기 유조의 깃털은 온통 검다.

이제 막 솜털을 벗고 어미를 따라나섰다.

회색 깃털이 어깨 아래 남아 있고 날개깃도 상당히 돋아 있다.

새들은 성장하면서 깃털갈이를 하는 경우와 환경 변화에 의해서 깃털갈이를 한다.

알에서 태어나서 유조의 털을 벗고 성조의 특징적인 깃을 간직하기까지 깃털갈이와 계절의 변화에 의한 적응과 본능에 의한 생태적 변화에 따른 깃털갈이가 있다.

최종적으로 날개깃과 꽁지깃만 남았다.

아직도 머리에 솜털이 남아 있다(8월27일).

철저한 부모의 보호 아래 유조의 모습이 하루하루가 다르게 빠른 속도로 성조의 모습으로
변화하고 있었다.

5. 성조와 유조의 환우기(換羽期)

1) 성조

2) 유조

성조 수컷의 부리는 아래위가 노란색을 띠고 있
으나 눈 앞쪽 윗부리가 붉다. 붉은 액판도 사라
지고 부리는 붉은색과 노란색이 옅은 갈색으로
날개깃과 같이 최종 변화한다.
회색 잔털은 빠지면서 갈색과 새 깃털로
변화중인 수컷.

유조의 털갈이도 부리와 양날개 깃이 가장
늦게 바뀐다.
날개깃은 깃이 자라서 피부를 뚫고 나온
가시처럼 뾰족한 깃총이 갈라지며 깃이 나오고
깃총이 부스러져 떨어지며 깃이 자라서 날개의
역할을 하게 된다.

6. 번식기와 환우기(換羽期)

뜸부기 수컷의 번식기에 깃털은 갈색과 흑갈색에서 점점 짙은 회색과 검은색으로 바뀌고, 부리는 갈색에서 밝은 노란색으로 변하고, 액판(額板, frontalshield)은 살색으로 부풀어오르다가 정수리에서 힘차게 솟아오르면서 강열한 선홍색을 발산하고, 다리는 연한 녹색을 띠다가 분홍빛을 머금으면서 멋진 수컷의 면모를 갖춘다.

액판이 솟아오른 모습은 수탉의 볏과 흡사하여 뜸부기의 영어 이름도 '물에 사는 수탉'이라는 뜻의 워터콕(Watercock)이다.

이와 같이 화려한 깃털은 천적[3]들의 눈에 잘 띄어 번식률보다 위험률이 상당히 높아져 멸종으로 몰아가는 한 부분인 것이다. 그러므로 우리나라에 머무는 동안에 수컷의 구애 활동 하는 소리와 번식기의 수컷이 변화하는 과정인 진한 갈색부터 검은색의 모습과 이마부터 정수리까지 붉은 액판이 5월 중순부터 7월 중순까지 자주 보이게 됨으로써 우리에게 각인된 수컷의 전형적인 모습이 되었다.

물론 그들에게는 경쟁자인 다른 수컷들보다 건강하고 우수한 유전자를 가지고 있음을 나타내어 암컷의 선택을 받으려는 생물학적인 전략이지만, 암컷과 짝을 맺어 새끼를 키우기 시작하면 수컷은 다시 액판이 점점 줄어들고 검었던 몸의 깃털도 점점 옅어지며 갈색으로 변하여 육추가 끝날 무렵인 9월 중순이면 거의 온몸의 깃털이 본래의 모습으로 돌아가서 암컷 모습과 흡사하게 변한다.

8월 중순부터 9월 중순~말까지 한달 보름은 수컷들의 깃털의 소멸과

---

3) 천적 : 참매, 새매, 칡부엉이, 삵, 들고양이, 족제비 등

벼 낟알을 먹고 있는 뜸부기 가족들

생성을 겪어야 하는 기간으로, 한때는 비상 능력을 상실할 만큼 한꺼번에 거의 다 빠지는 경우와 깃이 듬성듬성 빠져 겨우 날아 도망갈 수 있을 만큼 빠지는 경우도 있어서 극도의 예민한 시기인 만큼 경계심으로 풀숲을 벗어나려 하지 않는다.

9월 중순~말까지는 암컷 모습과 비슷하며 다만 체격이 크고 이마의 액판 자리와 정수리 쪽의 액판을 감싸던 털이 뾰족하게 돋고 눈 앞쪽 아래의 뺨 부분에 있는 진한 갈색 점이 수컷임을 말해 준다.

이런 절차를 겪는 기간을 환우기(換羽期)라 한다.

7. 성조 수컷(5월과 10월)

5월에 처음 왔을 때의 수컷 모습

　우리나라에 매년 5월 중순에 수컷이 먼저 도래할 때도 황갈색을 띠고 있으나 점점 하루하루가 지날수록 황갈색이 검은 깃털로 변모를 하고 이마 액판도 커지면서 수컷의 위용이 드러난다.

　수컷이 먼저 포착되었고 약 1~2주 후에 암컷들의 모습이 보였다.

　까맣게 그을린 듯한 검은 목·가슴 부분이 옅은 회색을 띠고 있다. 정수리에는 머리털로 감싼 액판이 뾰족하게 솟아 있고 날이 갈수록 점점 온몸이 매끈하게 변하면서 온몸이 불에 탄 듯 검어진다.

　하지만 이제는 검게 덮였던 깃털이 빠지고, 갈색으로 바뀌고 있다.

　수컷으로 증빙되는 것은 노랗던 부리의 흔적이 진한 갈색으로 덮여가고, 이마와 정수리 사이 액판도 사라지고, 번식기의 모습은 점점 잃어가고 있다.

한창 번식기의 수컷 모습

노란 부리가 진한 갈색으로 변하고 있다.

10월 초순의 수컷 모습

　수컷들은 암컷들의 육추가 본격적인 돌입 시기인 8월 중순부터 이마의 액판이 줄어지기 시작하였고, 검던 깃털이 점점 더 옅어지는 황갈색으로 바뀌어 9월 중순부터 10월 초·중순이면 대부분 암컷의 깃털과 흡사하게 깃털갈이를 끝내고 새로운 깃털로 머나먼 여정이 시작된다.

8. 수컷의 환우와 여정

　　수컷 성조의 경우 새끼들의 털갈이가 거의 끝날 무렵 깃털갈이를 하여 한때 날 수 없을 만큼 한꺼번에 다 빠져 가장 민감한 시기로 풀숲을 벗어나지 않으며, 새로운 깃털은 가을에 암컷의 모습과 흡사하게 변모하는데 이 깃으로 6,400k~10,000km를 날아 동남아에서 겨울을 보내고 이듬해 봄, 다시 우리의 농촌을 찾을 때는 붉은 액판이 막 솟아오르고 깃털은 번식기의 모습으로 변하는 과정에 도착한다.

해 질 무렵, 벼 낟알을 먹이를 찾고 있는 뜸부기

천연 기념물 지정(2005년도)

순번	천연 기념물
364	천연 기념물 제443호 제주중문·대포해안주상절리대 제주 서귀포시(서귀포시장) 지정일 2005년 1월 6일
365	천연 기념물 제444호 제주선흘리거 문오름(제주선흘리거문오름) 제주 북제주군(북제주군수) 지정일 2005년 1월 6일
366	천연 기념물 제445호 하동송림(河東松林) 경남 하동군 하동군수 지정일 2005년 2월18일
367	천연 기념물 제446호 뜸부기(뜸부기) 기타, 전국 지정일 2005년 3월 17일
368	천연 기념물 제447호 두견(杜鵑) 기타, 전국 지정일 2005년 3월 17일
369	천연 기념물 제448호 호사비오리(호사비오리) 기타, 전국 지정일 2005년 3월 17일
370	천연 기념물 제449호 호사도요(호사도요) 기타, 전국 지정일 2005년 3월 17일
371	천연 기념물 제450호 뿔쇠오리(뿔쇠오리) 기타, 전국 지정일 2005년 3월 17일
372	천연 기념물 제451호 검은목두루미(검은목두루미) 기타, 전국 지정일 2005년 3월 17일

출처: 문화재청 지식정보센터

당시 문화재청(현 국가유산청)의 367번째 제446호 천연 기념물로 관리 종 목록에 포함되어 다행이지만, 해마다 서식하던 현장의 현재 모습은 처참하리만큼 농토가 도로공사로 뭉개져 현재 뜸부기 도래지의 절대적 보호가 시급한 상황이다.

지구촌의 뜸부기과

뜸부기과의 조류는 양극(남극과 북극)을 제외한 전세계에 분포되어 있고 지금부터 7,000만 년 전 신생대 전기인 제3기에서 그들의 선조 화석들을 많이 찾아볼 수 있다고 한다.

대부분 섬에 정착하였으며 오랫동안 격리되어 그들만의 독립된 오랜 생활로 비상력마저 상실하여 새로운 자연 속으로 분화해 가거나 잡식성으로 변하였다.

또한 오랫동안 한 섬에 정착하여 천적이 없어 날지 못하는 새가 되어 그 환경에 적응하여 온 새는 인간의 점령하에 멸종이 되거나 멸종 위기에 처하여 인간의 보호를 받지만 나약한 종이 되어 언제 어느 시점에서 절종이 될지 매우 위급하다.

학계에 따르면 뜸부기과는 약 200여 종으로 추정하고 있으며 비상력이 약하기는 하지만 물과 육지를 건너 장거리 이동을 하는 경우가 많다.

뜸부기과의 길이는 15~48cm로 작거나 중형의 새이다. 밝혀진 종류로는 약 157종으로 우리나라에서 발견되는 뜸부기과 조류로는 뜸부기·흰눈썹뜸부기·흰배뜸부기·회색가슴뜸부기·한국뜸부기·쇠뜸부기·쇠뜸부기사촌·알락뜸부기·물닭·쇠물닭 등 10종이 있다.

우리나라에 도래하는 뜸부기과 10종

1. 뜸부기(Watercock)

암컷(왼쪽)과 수컷(오른쪽) (사진 황인선 교수님)

학명	*Gallicrex cinerea*
계	동물계(Animalia)
지정 종목	천연 기념물
문	척삭 동물문(Chordata)
강	조 강(Aves)
지정일	2005년 3월 17일
목	두루미목(Gruiformes)
과	뜸부기과(Rallidae)
소재지	기타
멸종 위기	관심 대상(LC ; Least Concern)
크기	몸길이 수컷 약 40cm, 암컷 약 33cm
종류 분류	자연 유산 / 천연 기념물 / 생물과학기념물 / 진귀성

‘듬부기’, ‘듬북이’라고도 하며, 한자로 ‘등계(鶔鷄)’, 계칙[(鸂鷘(鷘)]
이라고 한다. 몸길이는 수컷 약 40cm, 암컷 약 33cm 내외이다. 수컷은
회색과 흰색 가로띠 무늬가 있는 아래꽁지덮깃을 제외하면 온몸이 불
에 그을린 듯한 검붉은색이다. 부리는 노란색이고, 이마에 붉은 판이 있
다. 다리는 옅은 녹색이다. 암컷은 수컷보다 작고 이마에 붉은 판도 없
다. 암컷의 윗면은 갈색 바탕에 연한 세로 무늬가 있고, 아랫면은 모랫
빛이다. 부리는 황갈색이다.

논에서 벼 포기를 모아 접어 둥지를 틀거나 주변 논둑이나 풀밭에서
풀줄기로 둥지를 튼다. 알을 낳는 시기는 6~7월이며, 한배에 5~10개
내외의 알을 낳는다.

식성은 잡식성으로 잠자리·거미 외에 곤충류·달팽이·미꾸라지 같
은 수생 동물 등의 동물성 먹이와 벼·풀·수초·씨앗 등의 식물성 먹이
를 먹는다.

아시아 동부에서 번식하고 필리핀과 보르네오섬 등지의 동남아시아
에서 겨울을 난다. 한국에서는 전국에 걸쳐 찾아오는 여름새이다.

뜸부기는 2005년 3월 17일에 천연 기념물로 지정되었고, 2012년 5월
31일 멸종 위기 야생 생물 2급으로 지정되어 있는 보호종이다.

2. 물닭(coot)

학명	*Fulica atra*
계	동물
문	척삭 동물
강	조류
목	두루미목
과	뜸부기과
멸종 위기	관심 대상(LC ; Least Concern)
크기	약 41cm
몸의 빛깔	검은색, 흰색(이마)
생식	난생(1회에 6~13개)
서식 장소	하구 · 하천 · 저수지 · 호수
분포 지역	한국 · 일본 · 사할린섬 · 아무르 · 아이슬란드

온몸이 검은색이며 흰색 이마가 돋보인다. 부리는 장미색을 띤 흰색이다. 다리는 오렌지색이며 발의 물갈퀴는 마치 노(櫓)처럼 생겼다. 잘 날지 않지만 한번 날면 상당히 먼 곳까지 날아간다.

주로 중부 이남의 얼지 않은 민물가나 하구·하천·저수지 등지에서 겨울을 나는 흔한 겨울새이지만 기후 변화에 의해 사철 동안 머무는 텃새화로 정착하고 있다. 전국에서 눈에 띈다. 때로는 오리와 섞여 무리를 짓기도 한다. 먹이는 주로 식물의 연한 잎과 곤충·작은 물고기·골뱅이 등이다. 한국·일본·사할린섬·아무르 등의 유라시아 전역과 아이슬란드 등지에 분포한다.

특징

- 전체적으로 몸이 통통하며 깃털 색은 검은색으로 암수가 동일하다.

- 우리나라 강이나 호수·저수지에서 흔히 관찰되며, 겨울철에는 무리를 지어 월동한다.

- 판족으로 수영과 잠수에 능하고, 위험할 경우에는 수면을 박차며 물 위를 뛰면서 날아간다.

- 몸길이는 약 41cm 정도이며, 흰 이마와 부리로 쉽게 구별된다.

- 다리는 검은색이며, 발가락은 물갈퀴와 유사한 판족을 가지고 있다.

번식

- 저수지나 하천 등 습지 주변의 풀숲에서 5월에서 7월 사이에 번식을 시작한다.

- 둥지는 수면과 약간의 경사도가 있도록 입구를 만든다.

3주 된 물닭 유조

- 한배에 알은 6~10개 정도이고, 알의 색깔은 흑갈색과 회색의 반점이 있는 잿빛 황색이다.
- 알을 품는 기간은 21~23일 정도이며, 부화 후 약 28일까지 지속적으로 성장한다.
- 둥지는 수변부에서 구할 수 있는 갈대·부들 등을 이용해 수면에서 높이 쌓아올린다.

* 한글 창제 이후 문헌에서는 뜸부기를 물닭이라고 표기하기도 하였으며, 근래 방언 조사 자료(강원, 충청, 전북, 경북지역)에서 상당수가 뜸부기를 물닭으로 불려짐을 확인할 수 있었다.

나들이 나온 물닭 유조 가족

3. 쇠뜸부기(baillon's crake)

한국뜸부기를 기다리는데 쇠뜸부기가 나타났다.

학명	*Porzana pusilla*
계	동물
문	척삭 동물
강	조류
목	두루미목
과	뜸부기과
멸종 위기	관심 대상(LC ; Least Concern)
크기	약 18cm
몸의 빛깔	갈색(윗면), 회색(아랫면)
생식	난생(1회에 6~8개)
생활 양식	땅 위 생활
서식 장소	물가, 풀밭, 논
분포 지역	한국 · 일본 · 사할린섬 · 타이완 · 시베리아(남부) · 우수리 · 중국(북동부)

지그재그로 도망가는 쇠뜸부기

몸길이 약 18cm이다. 풀숲에 숨어 살기 때문에 관찰하기 어렵다. 이마 가운데와 정수리·뒷머리·뒷목은 올리브색을 띤 갈색으로 검붉고 검은 갈색 세로 무늬가 있다. 다리는 연한 갈색이다. 등은 누런 녹색을 띤 갈색에 흰색 세로 무늬가 있다. 얼굴·멱·가슴은 푸른빛이 도는 회색이다. 옆구리에는 흰색과 검은색 가로 무늬가 있다. 몸집이 좌우로 납작하다.

물가 풀밭이나 논에서 산다. 지그재그식으로 걸음이 빨라 갈대밭이나 수풀 사이를 날쌔게 빠져나간다. 헤엄도 잘 치며 물 속에 잠수하기도 한다.

호숫가 풀밭이나 논의 수초 위에 갈대·벼·수초 따위의 잎으로 접시 모양의 둥지를 틀고 5월 하순부터 8월에 한배에 6~8개의 알을 낳는다. 알은 황토색, 크림빛이 도는 갈색, 녹색을 띤 갈색 등 다양하고 검은 무늬가 빽빽이 있어 언뜻 검은색으로 보이기도 한다.

먹이는 날도래 등의 곤충류가 주식이고 작은 조개류나 식물 씨앗도 먹는다. 한국·일본·사할린섬·타이완·시베리아(남부)·우크라이나·우수리·중국(동부·북동부) 등지에 분포한다.

131

4. 쇠뜸부기사촌(ruddy crake)

학명	*Porzana fusca*
계	동물
문	척삭 동물
강	조류
목	두루미목
과	뜸부기과
멸종 위기	관심 대상(LC ; Least Concern)
크기	약 22.5cm
몸의 빛깔	붉은 갈색
생식	1회에 5~9개의 알을 낳음
생활 양식	땅 위 생활
서식 장소	강가 또는 호수의 습지 풀밭이나 논의 벼포기 사이
분포 지역	한국 · 일본 · 중국(동부)

쇠뜸기 사촌 가족들

쇠뜸기 사촌

　　몸길이 약 22.5cm이다. 이마와 정수리는 붉은 갈색이고 가슴에서 배까지는 포도주색을 띤 붉은 갈색이다. 등은 올리브색을 띤 짙은 갈색이다. 다리는 붉다. 한국에서는 전국에 걸쳐 번식하는 여름새이다. 흔히 습지나 논·강가 풀밭에서 살고 풀숲을 여기저기 돌아다니면서 먹이를 찾는다. 머리와 꽁지를 세운 채 가끔씩 꽁지를 위아래로 흔들면서 조용히 걷는데, 쫓길 때도 좀처럼 날아오르지 않고 풀숲 속으로 달아나 숨는다.

　　날 때는 양쪽 날개를 세차게 퍼덕여 날고 다리는 밑으로 늘어뜨린 채 1m 정도 높이로 낮게 날다가 부근 풀숲에 내려와 숨는다.

　　강가 또는 호숫가 풀밭이나 논의 벼포기 사이에 둥지를 틀고 5월 하순에서 8월 하순에 한배에 5~9개의 알을 낳는다. 갓 부화한 새끼는 온몸에 검고 긴 솜털이 빽빽이 나 있으며, 전체적으로 녹색 광택이 난다.

　　먹이는 주로 곤충·개구리·고둥 등의 동물성 먹이와 화본과 식물의 씨앗 따위를 먹는다. 한국·일본·중국(동부)에 분포하며 인도차이나·미얀마 등지에서 겨울을 난다. 최근에는 논의 관리 형태가 달라지고 습지가 줄면서 개체 수가 급격히 줄어들고 있다.

5. 쇠물닭(moorhen)

학명	*Gallinula chloropus*
계	동물
문	척삭 동물
강	조류
목	두루미목
과	뜸부기과
멸종 위기	관심 대상(LC ; Least Concern)
크기	약 33cm
몸의 빛깔	푸른빛이 도는 짙은 회색(머리 · 목), 연한 회색(가슴 · 배)
생식	난생(1회에 5~8개)
생활 양식	소규모 무리 생활
서식 장소	못 · 농경지 · 수로 · 물웅덩이, 하구 및 하천 지류의 수초 지대
분포 지역	오스트레일리아와 뉴질랜드를 제외한 전세계의 온대 및 열대지방

몸길이 33cm이다. 이마에 달걀 모양의 붉은 판이 있다. 정수리와 뒷머리·뒷목은 푸른빛이 도는 짙은 회색이고 가슴과 배는 푸른빛이 도는 연한 회색이다. 아랫면의 가장자리는 연한 회색 또는 흰색이다. 옆구리 끝에는 흰색 세로 무늬가 있다.

다리는 노란빛이 도는 녹색이며 종아리에는 붉은 띠가 있다. 부리는 끝 부분의 노란색을 빼고는 붉다.

한국에서는 중부 이남에 번식하는 여름새이다. 땅 위에서는 꽁지를 아래 위로 많이 까딱거리면서 걷고 물에서는 머리를 흔들면서 헤엄을 치는데, 못이나 농경지·수로·물웅덩이, 하구나 하천 지류의 수초 지대에 산다.

물이 얕은 곳에서는 풀 줄기 사이를 숨어다니므로 잘 보이지 않지만

성조에 가까운 쇠물닭의 나들이

쇠물닭의 육추 장면

사방이 트인 넓은 곳에서는 잠수도 하면서 먹이를 찾는 모습을 볼 수 있다. 호숫가나 못가·저수지·하구 등과 갈대·줄풀·마름·가시연꽃·큰고랭이·개연꽃 등의 수초가 우거진 곳에서 번식을 한다. 둥지는 마른 풀잎과 푸른 잎을 쌓아올려 만든다.

알을 낳는 시기는 5월 중순에서 8월 상순이며 한 둥지에 보통 5~8개에서 많게는 12~15개까지 낳는데, 이는 둥지 하나에 여러 마리의 암컷이 알을 낳기 때문인 것으로 알려져 있다.

알은 암수가 함께 품고 품는 기간은 19~22일이다. 먹이는 식물의 씨앗이나 열매·곤충·연체 동물·갑각류·환형 동물 등을 먹는다. 오스트레일리아와 뉴질랜드를 제외한 전세계의 온대와 열대지방에 분포한다.

6. 한국 뜸부기(Siberian ruddy crake, 韓國—)

사진 윤상근(볼매, 우리새 저자)

학명	*Porzana paykullii*
계	동물
문	척삭 동물
강	조류
목	두루미목
과	뜸부기과
멸종 위기	취약(VU ; Vulnerable)
크기	약 20cm
몸의 빛깔	짙은 갈색
생식	난생(1회에 7~9개)
서식 장소	평지, 낮은 산지의 논, 습지
분포 지역	동북아시아

몸길이 약 20cm이다. 몸 빛깔은 쇠뜸부기사촌(P. fusca)과 비슷한데 체격이 대형인 점에서 구별된다. 윗면은 갈색이고 아랫면은 보다 연붉은 갈색이다. 가슴 중앙은 색이 더 연하고 멱은 흰색이다. 부리는 회색이며 끝은 검은색이다. 날개는 넓고 둥글다.

한국에서는 중부 이북의 서북지방 해안 지대에서 볼 수 있는데 한국에서도 번식하는 듯하다. 둥지는 땅 위에 잘 드러나지 않게 튼다.

암컷은 2년째 되는 여름에 번식하기 시작하여 한배에 7~9개의 알을 낳는다.

다른 뜸부기류와 같이 한여름에 2번 번식한다는 것이 정설이다. 동북아시아에 분포하며 겨울에는 동남아시아로 이동하여 겨울을 난다.

한국 뜸부기

7. 회색가슴뜸부기(Slaty-breasted Rail)

사진 윤상근(볼매, 우리새 저자)

학명	*Gallirallus striatus*
계	동물
문	척삭 동물
강	조류
목	두루미목
과	뜸부기과
멸종 위기	관심 대상(LC ; Least Concern)
크기	몸길이 약 26~31cm
무게	100~142g
몸의 빛깔	머리 위쪽과 목덜미는 밤색이고 몸 윗면은 녹갈색을 띠며 검은색과 흰색 점무늬와 줄무늬로 얼룩덜룩함
생식	한배에 3~6개의 알을 낳음
생활 양식	어스름할 때 활동함
서식 장소	습지 · 홍수림 · 논 등
분포 지역	인도 아대륙〔Indian Subcontinent〕과 동남아시아

몸길이 26~31cm, 몸무게 100~142g이다. 암수의 생김새는 비슷하다. 머리 위쪽과 목덜미는 밤색이고 가슴은 회색이다. 몸 윗면은 녹갈색을 띠며 검은색과 흰색 점무늬와 줄무늬로 얼룩덜룩하다. 얼굴부터 배 위쪽까지는 청회색이고 턱은 연회색이다. 옆구리와 아랫배, 아래꼬리덮깃은 짙은 갈색과 흰색 줄무늬가 빽빽하다. 부리 시작 부분은 붉고 끝은 회색이다. 다리는 회색이다. 어스름할 때 활동한다. 암컷은 한배에 3~6개의 알을 낳는다. 습지·홍수림·논 등에 서식한다. 인도 아대륙(Indian Subcontinent)과 동남아시아에 분포한다.

8. 흰눈썹뜸부기(water rail)

학명	*Rallus aquaticus*
계	동물
문	척삭 동물
강	조류
목	두루미목
과	뜸부기과
멸종 위기	관심 대상(LC ; Least Concern)
크기	몸길이 약 29cm
몸의 빛깔	갈색 바탕에 검은색 세로 무늬(등), 회색(배)
생식	난생(1회에 6~7개)
서식 장소	줄과 갈대가 우거진 호수나 늪지, 하구 물가
분포 지역	일본(북부)·중국(북동부)·아무르·우수리

물놀이하는 흰눈썹뜸부기

몸길이 약 29cm이다. 부리는 길고 윗부리는 검은 갈색, 아랫부리는 붉은색이다. 등은 갈색 바탕에 검은색 세로 무늬가 있고 배 쪽은 회색이다. 옆구리는 검은색 바탕에 흰색 가로 무늬가 있다. 주로 봄과 가을에 한국 중서부 지역을 지나며, 일부 무리는 한국 남부지방(낙동강 하구)에서 겨울을 난다. 줄과 갈대가 우거진 호수나 늪지 또는 하구 물가에서 산다.

풀숲 사이를 조용히 걸어다닐 때는 머리와 꽁지를 세우고 가끔 꽁지를 위아래로 까딱거리는데, 놀라면 머리와 꽁지를 낮추고 재빨리 달아난다.

좀처럼 모습을 드러내지 않고 날아오르지도 않지만 사냥개에 쫓겨 넓은 곳에 이르면 지상 1m 높이 정도로 날아오른다. 번식기에는 '찍, 찍' 하고 날카로운 소리를 낸다.

5~6월에 6~7개의 알을 낳아 암수와 함께 품는다. 먹이로는 어류·새우류·복족류·곤충류 등의 동물성과 각종 식물의 씨앗 등을 먹는다.

일본 북부와 중국 북동부·아무르·사할린섬·시베리아 동부 등지에서 번식하고, 한국·일본(남부)·타이완 등지에서 겨울을 난다.

가을날의 흰눈썹뜸부기

9. 흰배뜸부기(white-breasted waterhen)

학명	*Amaurornis phoenicurus*
계	동물
문	척삭 동물
강	조류
목	두루미목
과	뜸부기과
멸종 위기	관심 대상(LC : Least Concern
크기	몸길이 약 32.5cm
몸의 빛깔	올리브색을 띤 짙은 회색(등 쪽) 흰색(배 쪽)
생식	난생(1회에 4~8개)
생활 양식	단독 생활
서식 장소	물가 풀숲
분포 지역	파키스탄(서부) · 인도(북부) · 미얀마 · 중국 · 일본(오키나와)

몸길이 약 32.5cm이다. 머리에서 뒷목·등·허리·옆구리는 올리브색을 띤 짙은 회색이고, 멱·얼굴·가슴·배는 흰색, 아랫배와 아래꽁지덮깃은 갈색이다. 부리는 노란빛이 도는 녹색이고 윗부리가 시작되는 부위는 붉다. 다리는 노란색이다.

한국에서는 봄과 가을에 서해안을 따라 지나가는 나그네 새지만 겨울철에도 발견되며, 논이나 호수·못·습지·도랑 등 물가의 풀숲에 산다. 숨는 습성이 강해서 좀처럼 모습을 드러내지 않는다.

때로는 물에서 헤엄치면서 먹이를 찾는다. 단독 생활을 한다. 날개를 몹시 퍼덕거리면서 나는데 날갯짓하는 회수에 비해 느린 편이다. 다리를 밑으로 늘어뜨리고 직선으로 나는 모습이 물닭과 같다.

땅 위를 걷는 속도는 빠르며 꽁지를 위로 세우고 달린다. 가끔 꽁지깃을 까딱까딱 흔든다. 국내에서 제주도와 파주에서 번식하였으며 번식

겨울 깃의 흰배뜸부기

기에는 울음 소리가 멀리까지 퍼진다.

5~7월에 4~8개의 알을 낳는다. 먹이는 주로 곤충류와 갑각류를 잡아먹고 식물성으로는 풀씨나 낟알을 먹는다. 파키스탄 서부에서 인도 북부, 미얀마 및 중국과 일본에 이르는 지역에 분포한다.

10. 알락뜸부기(Swinhoe's Rail)

AI ChatGPT로 그린 알락뜸부기

학명	*Coturnicops exquisitus*
계	동물
문	척삭 동물
강	조류
목	두루미목
과	뜸부기과
멸종 위기	취약(VU : Vulnerable, 출처 : IUCN)
크기	몸길이 약 15cm
무게	약 25g
몸의 빛깔	올리브색이 도는 갈색(등), 노란색(가슴), 흰색(아랫면)
생식 능력	난생(1회에 6개)
생활 양식	단독 생활
서식 장소	호숫가 · 못가 · 습지
분포 지역	중국 북동부와 러시아 남서부의 소수 지역

몸길이 약 15cm, 몸무게 약 25g이다. 등에는 올리브색이 도는 갈색 바탕에 검은색 세로 무늬와 가느다란 흰색 세로 무늬가 있다. 가슴은 노란색이고 나머지 아랫면은 흰색이다. 얼굴과 가슴에는 미세한 흰 점 무늬가 있으며 귀덮깃은 짙은 갈색이다. 첫째날개깃은 어두운 회갈색이고, 둘째날개깃은 흰색이다. 셋째날개깃과 날개덮깃은 등과 같다. 첫째날개덮깃과 작은날개깃은 어두운 회갈색이다.

부리는 길이가 짧고, 어두운 갈색이나 회색이며 윗부리 시작 부분과 아랫부리의 대부분은 녹황색이다.

눈은 갈색이며, 다리는 엷은 갈색이나 회색이다.

호숫가·못·습지에서 살면서 풀밭이나 풀 사이의 땅 위에 수초 잎으로 접시 모양의 둥지를 틀고 한배에 6개의 알을 낳는다. 알은 크림색이 도는 갈색 바탕에 붉은 갈색 얼룩점과 회색 얼룩점이 흩어져 있다. 먹이로는 딱정벌레·파리·거미 등의 동물성 먹이나 벼과 식물을 먹는다. 중국 북동부와 러시아 남서부의 소수 지역에 주로 서식하며, 최근의 발표에 따르면 일본 아오모리 현에서도 번식하는 것으로 추정된다. 몽골·일본·한반도·중국 남부와 동부 지역에서 월동한다.

우리나라에서는 매우 희귀한 겨울새이자 나그네 새로, 2005년과 2008년에 발견된 적이 있다.

2부

고향의 향기

명칭 및 어원

1. 뜸부기 명칭

한국명	현재	뜸부기
	개화기	씀부기
	고어	듬부기, 뭇닭(물닭)
	한자	鷧鷄(등계), 鸂鷘(계칙)
	새소리	逗陰北(두음북), 泥滑滑(니활활), 行不得(행부득)
	이명(異名)	鷓鴣(자고), 秧鷄(앙계), 竹鷄(죽계)
영명		Watercock
일본명		ツルクイナ
중국명 (대만명)		董鸡
러시아명		КАМЫШНИЦА РОГАТАЯ
중국		田鷄
학명		Gallicrex cinerea

2. 뜸부기의 어원

듬부기를 듬복이 또는 듬북이라고도 하였으며 한자로는 등계(鷧雞), 계칙(鸂鷘)이라고 한다.

다리와 부리가 길고 호수나 하천 등지의 갈대숲이나 논에 살며 "뜸북 뜸북" 하고 우는 울음 소리를 본떠서 이름을 지었다.

- 鸄 ; 믓둙 계 本國又呼 듬부기 계 ≪1527년 훈몽자회 상9ㄴ≫

- 鸄鶒 ; 풋둙 一名 듬부기 ≪1690년 역어유해 하28ㄱ≫

- 뜸북이 水鷄 ≪1880년 한불자전 p477≫

- 우리말 어원산책(역락) p300

주변을 살피는 뜸부기 수컷

한글 명칭

1. 뜸부기의 한글 명칭 및 근거

○ 뜸부기(듬부기) : '뜸뜸' 울음 소리에 기인하여 이름을 붙였다.

○ 물닭(믌들) : 물과 습지에 사는 수조(水鳥)이나 가축인 닭과 유사하여 이름을 붙였다.

○ 팥닭(풋돍) : 머리에 팥을 얹어 놓은 모습과 같고 가축인 닭과 유사하여 이름을 붙였다.

○ 한자어로 鸂鶒, 鷄鶏(계칙, 등계)라고 한다.

2. 관련 자료

○ 두시언해(杜詩諺解)

- 저자는 유윤겸·의침 등이며 세종 때(1481년) 당나라 시인 두보(712~770년)의 시를 한글로 초간본을 번역하였다.

- 한글 이름은 믌들(물닭), 한자 이름은 鸂鶒(계칙)이다.

- 성종 때(1632년) 초간본을 교정해 중간본을 편찬하였다.

○ 훈몽자회(訓蒙字會)

- 저자는 최세진이며 1527년에 편찬하였다.

- 한글 이름은 믓돍·듬부기, 한자 이름은 鸂鶒(믓돍, 뜸부기 계, 믓돍 칙)이다

- 실제 서민들이 사용하고 있는 말을 한자에 한글로 표기한 아동 교
  육용 교과서이다.

○ 역어유해(譯語類解)
- 저자는 신이행·김경준·김지남이며 숙종 8년(1682)에 집필했다.
- 한글 이름은 듬부기·픗닭, 한자 이름은 鸂鶒(중국식 발음 : 키치,
  키칠)이다.
- 중국과 통역을 하기 위한 역관 교육용으로 한자에 한글로 중국어
  를 표기한 어휘 사전

○ 재물보(才物譜)
- 저자는 이만영(李晚永 1748~1817년)이며 1798년에 만든 책이다.
- 한글 이름은 듬복이, 이명은 鷥鷄(등계)이다.
- 항목마다 출전을 철저히 달아 당시 이본까지 생성된 조선 후기에
  지은 일종의 백과사전이다.

○ 물명고(物名考)
- 저자는 유희(柳僖 1773~1837년)이며 1824년에 쓴 책이다.
- 한글 이름은 듬복이, 이명은 鷥鷄(등계)이다.
- 9,200여 개의 물건을 물명으로 분류해 한글 또는 한문으로 풀이한
  어휘 사전이다.

○ 광재물보(廣才物譜)

- 작자 미상으로, 19세기 초에 편찬된 것으로 추측된다.
- 한글 이름은 듬북이[鶤鷄(등계)]이다.
- 정조 22년에 이성지가 지은 '재물보'를 확대한 것으로 보이는데, 항목별로 분류한 어휘집이다.

○ 한불자전(韓佛字典)

- 저자는 펠릭스 클레르 리델(Felix Clair Ridel)이며 1880년에 만든 책이다.
- 한글 이름은 씀북이, 불어명은 TTEUM-POUK-I(水鷄;수계)이다.
- 프랑스 파리외방선교회 한국선교사단에서 편찬한 한국어를 프랑스어로 표기한 '한불사전'이다.

○ 어린이(잡지)

- 저자는 방정환(발행인)이며 1923년에 창간한 잡지이다.
- 한글 이름은 씀북새이다.
- 1925년 11월, 어린이 잡지 동시 모집에 최순애의 '옵바생각'이 당선되어 게재했다.

뜸부기 명칭의 변천사

1. 연관 단어

○ 비슷한 말 : 계(鷄), 팟다리

○ 옛말 : 듬부기

○방언 : 뜸북새·뚬벙새·뚬베기·뚬비기·뜸닭·뜸빙이·무닭·물꽁·
    앙새(방언 참조)

2. 변천사

○ 듬부기(16~17세기) ⇨ 씀북이(19세기) ⇨ 뜸부기(20세기~현재)

○ 설명

현대 국어 '뜸부기'의 옛말인 '듬부기'는 16세기 문헌에서부터 나타
난다. 19세기에는 된소리화를 거친 '씀북이' 형태가 나타났으며, 현대
국어에서는 'ㄷ'의 된소리를 'ㄸ'으로 표기하는 원칙에 따라 '뜸부기'
로 표기하게 되었다.

○ 이형태/이표기
    듬부기, 씀북이

짝을 찾는 수컷 뜸부기

3. 변천 정보

1) 16세기 : 듬부기

○ 鷄 ; 믓둙 계 本國又呼 듬부기 계《1527년, 훈몽자회 상9ㄴ》

2) 17세기 : 듬부기

○ 鷄鷜 ; 픗둙 一名 듬부기《1690년, 역어유해 하28ㄱ》

鷄 ; 키 (발음), 鷜 ; 치·칠 (발음)

3) 19세기 : 씀북이

○ 씀북이 水鷄《1880년, 한불자전 p477》

4) 20세기 : 씀북이(새) ⇨ 뜸부기

○ 씀북이(새) ⇨ 뜸부기《1932년, 조선신동요선집 옵바생각 p146》

5) 참고

① 고어사전(古語辭典) p464

　　○ 듬보기 : **명** 뜸부기(듬부기 ⇨ 씀북이 ⇨ 뜸부기)

이바 편메곡들아 듬보기 가거날 본다(古時調, 靑丘永言)

　　듬부기 : **명** 뜸부기 ⇨ 듬부기, 픗둙(고어)

　　鷄(계) : (訓蒙字會 上17) 픗둙, 一名 듬부기

　　鷄鶒 : 譯語類解 下28)

　　듬북이 : **명** 뜸부기 ⇨ 듬부기 : 鷑雞(柳氏物名 - 羽蟲)

② 훈몽자회(訓蒙字會) [조선 중종 22년(1527) 최세진(崔世珍)]

　　鷄(계) : 물닭 계《廣韻, 齊, 平》苦奚切《叡山本, 上, 禽鳥 9ㅎ》鷄,
　　　　　믓둙, 本國又呼 듬부기 계

　　鷄(계) : **명** ① 뜸부기 ⇔ 듬부기《叡山本, 上, 禽鳥 9ㅎ》鷄, 믓둙,
　　　　　本國又呼 듬부기 계

　　　　　② 물닭 ⇔ 믓둙《叡山本 上, 禽鳥 9ㅎ》鷄, 믓둙, 本國
　　　　　又呼 듬부기 계

　　鶒(칙) : **명** ①물닭 ⇔ 믓둙《叡山本 上, 禽鳥 9ㅎ》鷄, 믓둙

　　듬부기 : **명** 뜸부기/듬북이, 픗둙 듬부기 계 鷄(訓蒙字會 상17)

　　　　　픗둙 ⇨ 鷄鶒 : 뜸부기, 비오리(譯語類解 하12)

　　듬북이 : **명** 뜸부기/鷑鷄(柳氏物名 - 羽蟲)

암컷을 뒤따라가는 뜸부기 수컷

뜸부기의 명칭

1. 역사적 배경

○ 한자어로 鷄鷄, 鸂鶒(鷔)이라고 했다.

○ 듬부기(『훈몽자회』1527년), 鸂鶒, 풋둙, 듬부기(『역어유해』1690년), 듬복이(『재물보』1798년), 듬복이(『물명고』1820년), 듬북이(『광재물보』19세기), 씀북이(『한불자전』1880년『신학월보』1901년), 씀북새(『어린이』1925년) 등으로 나타났다.

○ 영어로 워터콕(Watercock)이다.

○ 듬부기(16~17세기) ⇨ 씀북이(19세기) ⇨ 뜸부기(현재~)

2. 명칭 변화

○ 한자 이름은 鸂, 鶒, 鷄인데 뜸부기를 말한다.

○ 뜸부기의 한글 명칭 변화

- 듬부기 : 鸂鶒(계칙) 『훈몽자회(訓蒙字會)』 최세진 1527년

- 듬부기 : 鸂鶒(계칙) 풋둙 『역어유해(譯語類解)』 신이행·김경준·

  김지남 1690년

- 듬복이 : 鷄鷄(등계) 『재물보(才物譜)』 이만영(李晩榮 1748~1817

    년) 1798년

- 듬복이 : 鷄鷄(등계) 『물명고(物名考)』 유희(柳僖:1773~1837년)

    1820년 추정

- 듬븍이 : 鸄鷄(등계)『광재물보(廣才物譜)』작자 미상 19세기
- 씀북이 : TTEUM-POUK-I(水鷄 ; 수계)『한불자전』P477 펠릭스
　　　　클레르 리델(F.C.Ridel) 1880년
- 씀북이 :『신학월보』최초『신학잡지 』존스 1901년
- 씀북새 :『어린이(잡지)』동시 '옵바생각' 최순애 1925년
　　　　『조선신동요선집』동요 '옵바생각' 김기주 1932년

3. 씀북이(새)

『한불즈뎐』(韓佛字典 1880년) 씀북이 [TTEUM-POUK-I] (水鷄;수계)

『신학월보』(씀북이 1901년) [출처] – 국민일보

『출판으로 본 기독교 100년』』『신학월보』(1900년 12월 창간, 감리회
발행)

『어린이』(잡지 1925년) – 씀북새('옵바생각' 동시) 등단

『조선신동요선집』(동요집 1932년) '옵바생각'에 게재

1. 동국정운(東國正韻)

1) 조선과 중국의 계칙(鸂鶒)

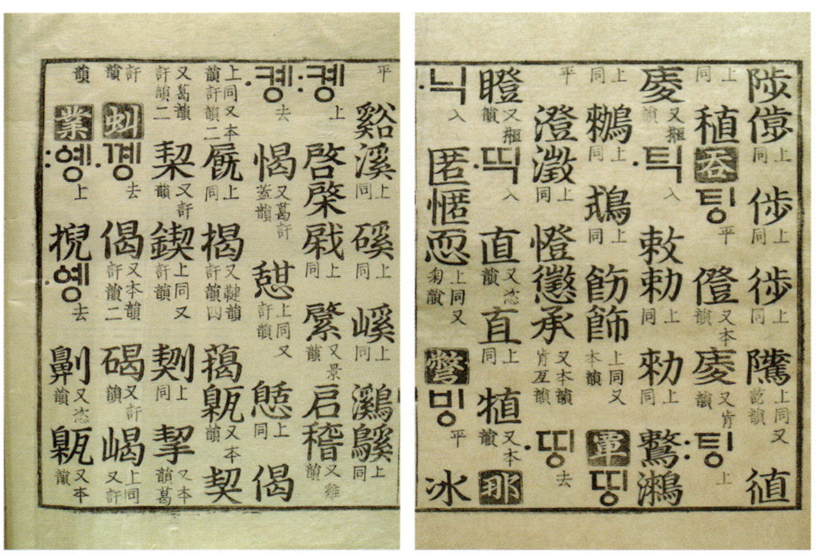

출처: 건국대학교 박물관

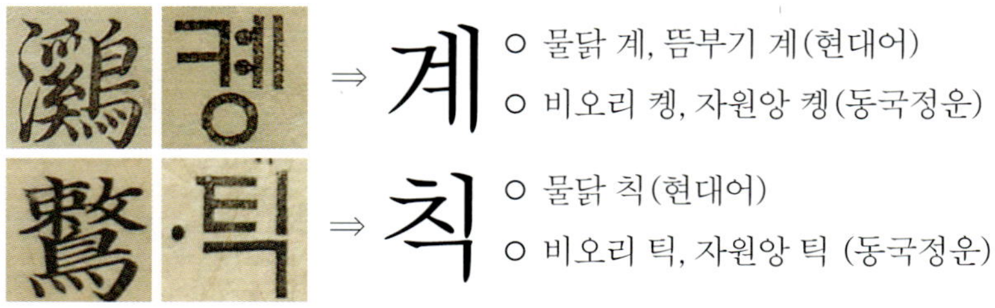

○ 물닭 계, 뜸부기 계(현대어)
○ 비오리 켱, 자원앙 켱(동국정운)

○ 물닭 칙(현대어)
○ 비오리 틱, 자원앙 틱 (동국정운)

　　위와 같이 조선과 중국의 한자 표현은 훈음(訓音)이 다르거나 음(音)이 다른 경우가 많아 현실적 실효성이 여의치 않음에 따른 국가의 장려 정책임에도 16세기엔 이용되지 않았다.

2) 동국정운(東國正韻)

세종(世宗)이 훈민정음을 창제한 뒤 당시의 우리 나라에 전승(傳承)된 한자 음이 중국과 달라 이를 바로잡아 통일된 표준음을 정하려는 목적에서『동국정운(東國正韻)』과『세종실록』권 제117에 따르면 세종 29년(1447) 9월 하한(下澣;하순)에 완성되고, 시기는『세종실록』권 제122에 의하면 세종 30년(1448) 10월에 신숙주 외 8명에 의하여 편찬되었다.

동국정운은 우리 글로 처음 표기한 한자 음이 우리 말이 아니라 석봉쌍졇(釋譜詳節), 웛힌쳔강징콕(月印千江之曲)처럼 중국어 발음이었다.

훈민정음 언해 '솅죵엉졩훈민졍흠(世宗御製 訓民正音)'에서 28자의 음가를 예시한 한자 음까지도 중국의 운서와 유사한 점은 부인할 수 없지만 초기 한글의 맥락을 조명한 매우 귀중한 자료이다.

첫째, 중국의 글자로는 정확한 명칭과 언어를 기술하기는 대단히 어려워 처음 만든 한글로 표현 및 표기를 함으로써 우리 말의 다양한 것들을 정확히 표현할 수 있는지를 시험하는 첫 무대로 등장시킨 것이다.

둘째, 당시 사대부들은 언문이라고 얕보며 천하게 여기는 것을 세종대왕은 국가의 장려 정책으로 앞세워 한글을 모든 백성들의 글로써 정착시키려는 목적과 이유를 두었다.

셋째, 중국은『홍무정운』을 운서로서 한몫을 한 반면, 세종은『동국정운』으로 백성들의 소통과 가교 역할을 담은 한글로써의 정착을 실현코자 한 것이다.

2. 훈몽자회(訓蒙字會)

1) 이본별 한자 배열

異本別	漢字 배열	계칙(鸂鶒)
內閣文庫本	4자 배열 1쪽 16자	계(鸂) 믓됩 계 本國又呼 듬부기 계 틱(鶒) 믓됩 틱 鸂_ 水鳥
尊敬閣本	4자 배열 1쪽 16자	계(鸂) 믓됩 계 本國又呼 듬부기 계 틱(鶒) 믓됩 틱 鸂_ 水鳥
奎章閣本	4자 배열 1쪽 16자	계(鸂) 믓됩 계 本國又呼 듬부기 계 틱(鶒) 믓됩 틱 鸂_ 水鳥
閑溪本	5자 배열 1쪽 30자	계(鸂) 믈됩 계 本國又呼 듬부기 계 틱(鶒) 믈됩 틱 鸂_ 水鳥
가람 謄寫本	4자 배열 1쪽 16자	계(鸂) 믓됩 계 本國又呼 듬부기 계 틱(鶒) 믓됩 틱 鸂_ 水鳥
叡山文庫本	자수 배열 미지정	계(鸂) 믓됩 계 本國又呼 듬부기 계 틱(鶒) 믓됩 틱 鸂_ 水鳥
東京大學 中央圖書館	4자 배열 1쪽 16자	계(鸂) 믓됩 계 本國又呼 듬부기 계 틱(鶒) 믓됩 틱 鸂_ 水鳥
朝鮮光文會 刊行	4자 배열 1쪽 16자	계(鸂) 믓됩 계 本國又呼 듬부기 계 틱(鶒) 믓됩 틱 鸂_ 水鳥

『훈몽자회』는 총 3,360자를 수록한 아동들의 한자 학습 교재였다.

조선 중종 22년(1527)에 간행된 이래 여러 차례 중간되었다.

편찬자는 그 당시 학동들의 한자 학습에 많이 사용하던 교재는 『천자

문』과 『유합(類合)』의 내용이 민간에서 통용되는 언어와 문자가 직결되지 않음을 고려하여, 새·짐승·풀·나무의 이름과 같은 실자(實字)를 위주로 교육할 것을 주장하여 이 책을 편찬하였다.

　상·중·하 3권으로 나누어져 있는데, 각 권에 1,120자씩 총 3,360자가 수록되어 있다. 초간본인 '예산문고본(1527년)'은 쪽마다 한자의 배열수가 정해진 것이 없었고 이후 16~17세기로 추정되는 한계본만 1쪽에 30문(천문 이하 포함)이며, '고성판(1532년)' 간행본부터는 한자의 배열은 상권에 천문(天文)부터 1쪽에 16문, 중권에 인류(人類)부터 16문으로 주로 전실자(全實字)를 수록하였고, 하권에는 잡어(雜語)라 하여 반실반허자(半實半虛字)를 수록하였다.

　『훈몽자회』는 3,360자의 한자에 대하여 각 자마다 '天 ; 하늘텬一道尙左日月右旋'과 같이 ①새김 ②자음 ③주석을 붙여놓았다. ①②는 모든 한자에 다 있으나 ③이 붙은 것은 전체 한자의 7할 정도이다. ①의 새김은 국어의 역사를 연구하는 데 매우 중요한 자료로 보인다. ②의 자음 표기도 우리나라 한자 음 연구의 좋은 자료이다.

　③의 내용을 보면 한자의 자체(字體)에 관한 것, 자음과 의미에 관한 것, 용례(用例)에 관한 것 등이 있다.

특히, 중국 속어에 관한 설명이 적지 않게 들어 있다.

이 책은 지금까지 여러 차례 간행되었다. 1527년에 간행된 원간본(原刊本)은 활자[乙亥字]로 찍어낸 것으로 일본 교토(京都)에서 멀지 않은 히에이산(比叡山)의 에이산문고(叡山文庫)에 간직되어 있는데 이 초간본이 나온 뒤 곧 개정판이 간행되었다. 이 개정판은 목판본으로 한자를 크게 1행에 네 자씩 배열하여 학습에 편하도록 하였다.

임진왜란 이전에 몇 차례 간행되었는데 일본 도쿄대학(東京大學) 소장본, 손케이카쿠문고(尊經閣文庫) 소장본이 알려져 있다. 위의 원간본과 중간본들은 서로 내용에 조금씩 차이가 있다. 이 가운데 원간본과 도쿄대학본은 1971년에 단국대학교 동양학연구소에서, 손케이카쿠본은 1966~1967년에 『한글』에 영인된 바 있다.

임진왜란 후에도 여러 차례 간행되었다.

규장각도서에 있는 내사본(內賜本)은 임진왜란 후 고전중간사업의 일환으로 1613년(광해군 5)에 간행된 것이다. 여기에서 한 가지 특기할 만한 사실은 하권 끝 장(35장)의 뒷면 첫 행의 제3자와 제4자가 본래는 '瀰漫(미만)4)'인데, 이것이 '洛汭(낙예)'로 바뀐 책이 간행되기도 하였다는 점이다.

1913년에 조선광문회(朝鮮光文會)에서 간행된 『훈몽자회』는 주시경(周時經)의 '재간례(再刊例)'가 붙어 있는 것으로 사실상 최후의 간본이었는데, 이 책에는 '낙예(洛汭)'로 되어 있다.

---

4) 미만(瀰漫): (명사)널리 가득 차 넘칠 듯함. (고려대 한국어대사전)

○ 낙예(洛汭)

하(夏)나라 임금 태강(太康)이 놀러가서 백 일 동안이나 돌아오지 않았던 곳.

洛汭十旬嗤夏主(낙예십순치하주)

낙예의 백 날에 우스꽝스러운 하나라 임금이요,

網羅三面祝殷湯(망라삼면축은탕)

삼 면의 그물을 풀고 달아날 짐승은 그물 밖으로 나가라고 은나라 탕왕이 빌었다.

〈김흔(金訢), 東郊觀獵三十韻應製(동교관렵30운응제)〉

망초꽃 지는 언덕에서 깃털 말리는 뜸부기 수컷

2) 소장본별 계칙[所藏本別 鸂鷘(鷘)]

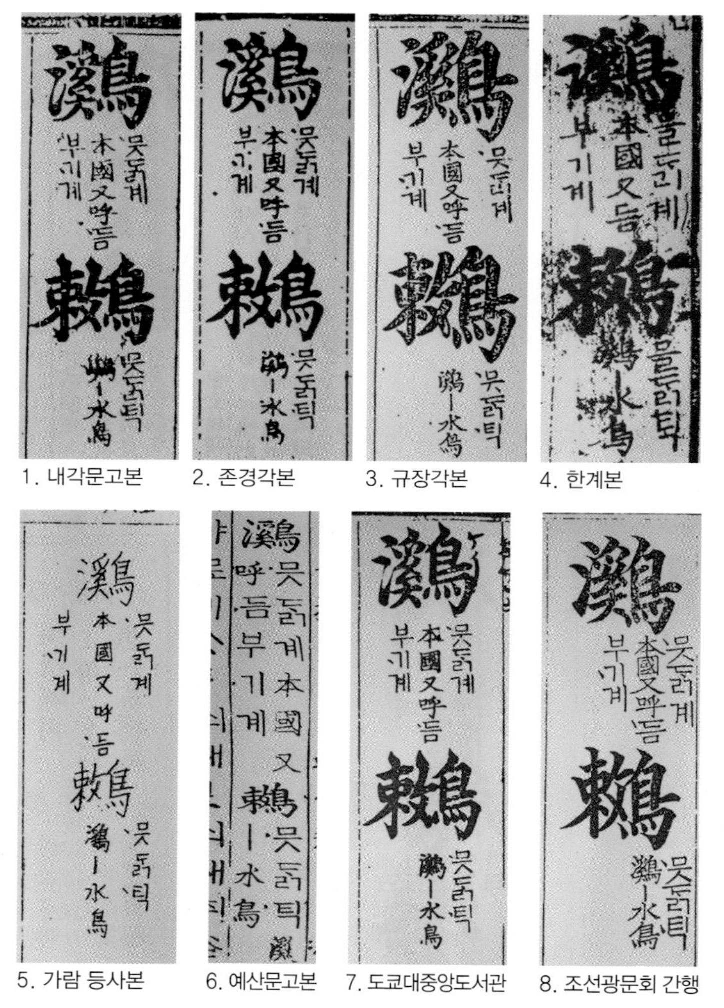

1. 내각문고본   2. 존경각본   3. 규장각본   4. 한계본

5. 가람 등사본   6. 예산문고본   7. 도쿄대중앙도서관   8. 조선광문회 간행

위와 같이 소장본별 계칙(鸂鷘)을 나열하였다.(간행 연도 무순)

처음 주조본(예산본)부터 조선 광문회까지 한결같이 믓둙(물닭)과 본래 서민들이 말하는 뜸부기로 아동들에게 가르쳐 왔다.

3) 훈몽자회 간행 연도

순번	이본	간행, 피사 연도	비고
1	예산본 (조선 중종 22년)	1527년	초간본 활자 (을해자 乙亥字)
2	고성판	1532년	목판본 1행에 4자씩 배열
3	내각문고본	1559년	목판본 1행에 4자씩 배열
4	존경각본	1559년	목판본 1행에 4자씩 배열
5	도쿄대학 중도서관본	1559년	목판본 1행에 4자씩 배열
6	한계본	16~17세기	목판본 1행에 5자씩 배열
7	규장각본	1613년	목판본 1행에 4자씩 배열
8	일사문고 필사본(등사)	1782년	필사본 1행에 4자씩 배열
9	국립중앙도서관본	18세기	목판본 1행에 4자씩 배열
10	조선광문회판	1913년	목판본 1행에 4자씩 배열

이 책은 지금까지 여러 차례 간행되었다. 1527년에 간행된 원간본(原刊本)은 활자[乙亥字]로 찍어낸 것으로 일본 교토(京都)에서 멀지 않은 히에이산(比叡山)의 에이산문고(叡山文庫)에 간직되어 있다. 이 초간본이 나온 뒤 곧 개정판이 간행되었다. 이 개정판은 목판본으로, 한자를 크게 1행에 네 자씩 배열하여 학습에 편하도록 하였다.

임진왜란 이전의 간행본은 일본 도쿄대학(東京大學) 소장본, 손케이카쿠문고(尊經閣文庫) 소장본이 알려져 있다. 위의 원간본과 중간본들은 서로 내용에 조금씩 차이가 있다. 이 가운데 원간본과 도쿄대학본은 1971년에 단국대학교 동양학연구소에서, 손케이카쿠본은 1966~1967년에 『한글』에 영인된 바 있다.

4) 판본(원본)

- 1527년 초간본[약칭 에이산본(叡山本)] : 을해자(乙亥字)로 교토(京都) 히에이 산(比叡山)의 에이산 문고(叡山文庫)에 보관
- 도쿄대학본(東京大学本) : 도쿄대학 중앙도서관(中央図書館)에 보관
- 존경각본(尊經閣本) : 일본 존경각문고 소장
- 규장각본(奎章閣本) : 서울대학교 규장각 도서
- 범문사본(汎文社本) : 범문사 간행본
- 낙예본(洛汭本) : 동국대학교, 고려대학교에 보관
- 미만본(瀰漫本)

5) 훈몽자회 책판(원본)

『훈몽자회』 책판(訓蒙字會 冊板)은 1527년(중종 22)에 원간본인 을
해자(乙亥字) 이후 최세진이 『훈몽자회』를 인쇄할 때 사용한 목판(책
판)인데, 아쉽게도 17장의 계칙(鸂鶒 : 뭇듥, 듬부기 계)편 사진의 결판에
따른 제16장 금조(禽鳥;날짐승)편 3~4쪽을 게재하였다.

훈몽자회 책판

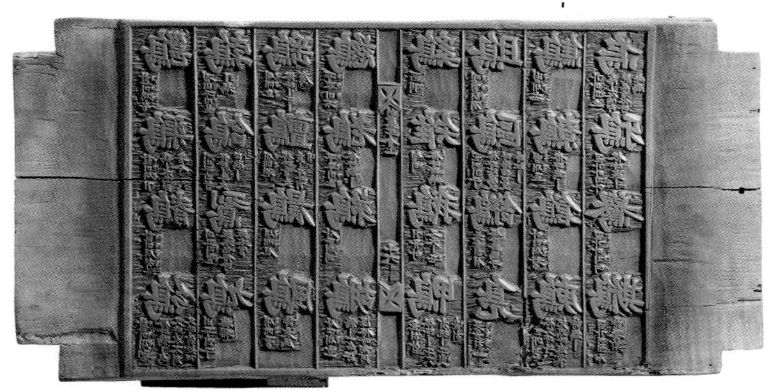

출처: 부산대학교박물관

○ 훈몽자회 책판(訓蒙字會 冊板)

분류	기록 유산 / 서각류 / 목판각류
수량/면적	52장
지정(등록)일	2015년 11월 18일
소재지	부산광역시 금정구 부산대학로 63번길 2 (부산대학교)
소유 및 관리자	부산대학교박물관

『훈몽자회』 책판(訓蒙字會 冊板)은 상중하 각권 1,120자로 구성되었다(양면, 양각). 총 52장 중 결판 4장(8쪽)으로, 국어학사적으로 귀중한 문헌으로 원판목이 현존한다는 점에서 그 의미가 크며 문화재적으로도 매우 중요한 유물로, 훈민정음 창제 이후 우리 국어의 음운사(音韻史)와 어휘사(語彙史) 자료로써 귀중한 가치를 가지고 있다. 현재 책판은 보고된 적도 없고, 문화재로 등록된 사례도 없어 희소 가치가 높다.

3. 역어유해(譯語類解)

신이행, 김경준, 김지남 (1682년 숙종 8년)

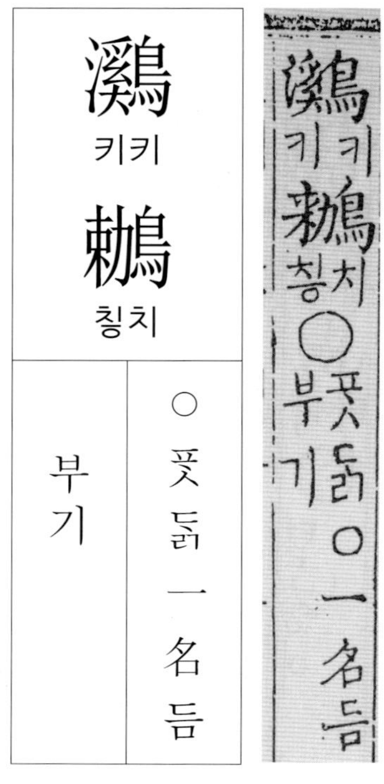

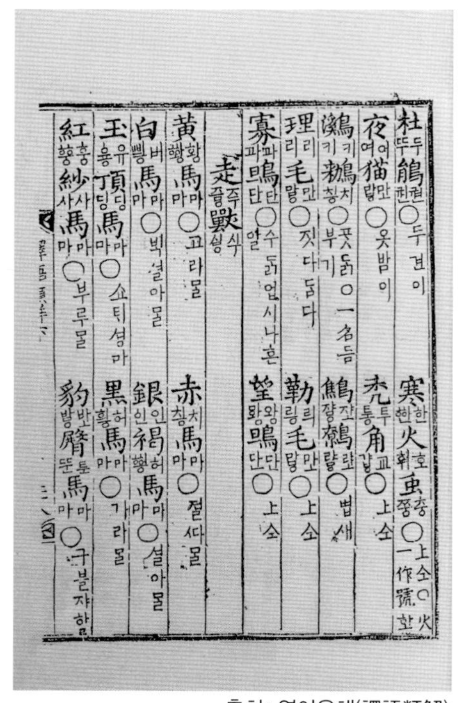

출처: 역어유해(譯語類解)

○ 풀이

【중국 발음】鸂 : 키키, 鶒 : 치칭

계칙(鸂鶒)은 팟닭이라 하며, 또 하나의 이름은 뜸부기라 한다.

4. 성호사설(星湖僿說)

이익(李瀷, 1681. 10. 18~1763. 12. 17 실학자)

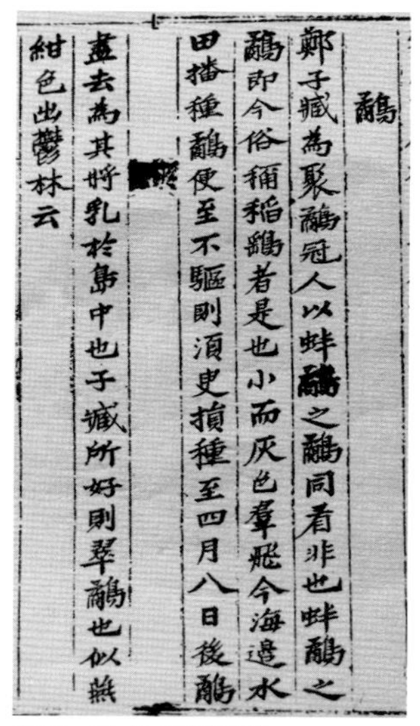

출처: 한국고전번역원

原文

星湖先生僿說 卷之五

萬物門

鷸

鄭子臧爲聚鷸冠人以蚌鷸之鷸同看非

也.蚌鷸之鷸卽今俗稱稻鷸者是也

小而灰色羣飛今海邊水田播種鷸便至

不驅則須臾損種至四月八日後鷸盡去

爲其將乳於島中也 子臧所好翠鷸也

似燕紺色出鬱林云

○ 원문 풀이

정나라 자장이 황새 털을 모아서 갓을 만들어 쓰고 이름을 휼관이라 했는데 어떤 이는 이 황새란 휼자를 방휼이란 휼자와 뜻이 같다고 하니, 이는 잘못 본 것이다. 방휼이란 휼은 지금 세속에서 일컫는 도요(稻鷸)라는 새다. 생김새가 작고 빛깔은 회색이며 떼를지어 날아다닌다.

지금 바닷가 논배미에 모를 심어 놓으면 도요가 모여드는데, 휘몰아 쫓지 않으면 잠깐 동안에 모를 버리게 된다.

그러나 4월 8일이 지나면 저절로 다 떠나가는데 저 섬 속에 들어가서 새끼를 기르게 된다.

자장이 좋아했다는 것은 취휼이다. 제비처럼 생겼으며 빛깔은 남색으로 되었는데 울림에서 생산된다고 한다.

① 자장(子臧) : 춘추시대 정백(鄭伯)의 아들 장구(臧彄)의 자(字), 그는 자신의 아버지에게 죄를 얻고 송나라로 도망했는데 거기에서 황새 털을 모아 만든 갓을 퍽 좋아했다.

　　그 소식을 들은 정백은 매우 미워하던 끝에 자객을 시켜 죽였다.

② 도요(稻鷯) : 뜸부기

③ 취휼(翠鷸) : 비취

④ 울림(鬱林) : 중국 광서성 계평현 남쪽에 있는 고을 이름

5. 재물보 7권(才物譜 卷之七)[정조 22년(1798) 이만영 편저]

재물보2 우충(才物譜二 羽蟲)

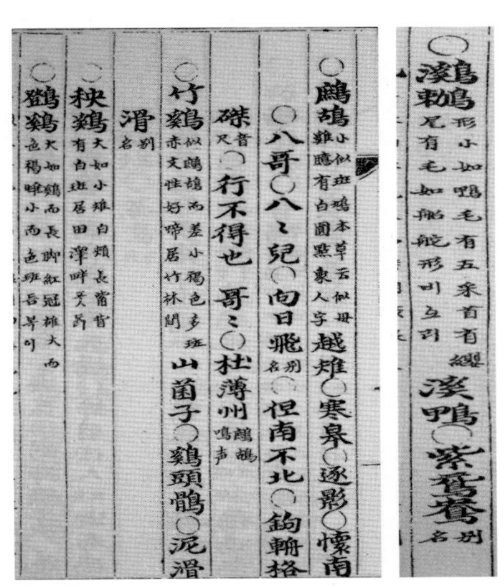

조류명	내용
鸂鶒 (계칙)	形小如鴨 毛有伍采 首有纓 尾有毛 如船舵形 비오리 溪鴨 ○紫鴛鴦〔別名〕 형태는 집오리처럼 작고 털은 오채이며 머리에 끈이 있고 꽁지에 깃털이 있는데 배의 키와 같다. 비오리, 계압 ○자원앙〔별명〕
鷓鴣 (자고)	小似斑鳩 〈本草〉云 似母雞 臆有白圓點 象人字. 越雉 ○寒皐 ○逐影 ○懷南 ○八哥 ○八八兒 ○向日飛〔別名〕 ○但南不北 ○鉤輈格磔〔音尺〕 ○行不得也 ○哥哥 ○杜薄州〔鷓鴣鳴声〕 반구와 조금 닮았다. 본초에 이르기를 암탉과 유사하고 가슴에 하얀 둥근 점이 사람 인(人) 자 모양이다. 월치 ○한고 ○축영 ○회남 ○팔가 ○팔팔아 ○향일비〔별명〕 ○단남불북 ○구주격 책〔음척〕 ○행부득야 ○가가 ○두박주〔자고의 울음 소리다〕
竹鷄 (죽계)	似鷓鴣而差小 褐色多 斑赤文 性好啼 居竹林 間. 山菌子 ○鷄頭鶻 ○泥滑滑〔別名〕 자고와 유사하나 조금 작다. 갈색이 많고 붉은 무늬가 섞였다. 성품이 울기를 좋아하고 대숲에 산다. 〔산균자, 계두골, 니활활은 모두 죽계를 일컫는 말이다〕
秧鷄 (앙계)	大如小雉 白頰長觜 背有白斑. 居田澤畔 풋 닭 크기는 새끼 꿩만하다. 뺨은 희고 부리도 길고 등에는 흰 반점이 있으며 밭과 연못가에 산다. 팟닭
鷊鷄 (등계)	大如鷄 而長脚紅冠 雄大而色褐. 雌小而色斑 듬복이 크기는 닭만큼 크고 다리는 길고 볏은 붉다. 수컷은 크고 갈색이며 암컷은 작고 얼룩지다. 뜸부기

※ 처음 뜸부기가 ⑧등계(鷊鷄)란 단어로 등장했다.

6. 물명고(物名攷)

조선후기 류희(柳僖)가 1820년대에 지은 어휘집

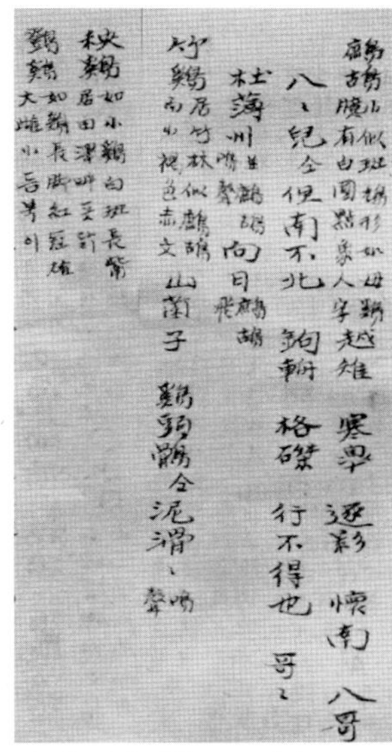

출처: 서울대학교 규장각

鷓鴣

小似斑鳩 形如母鷄 臆有白圓點 象人字 越雉 寒皐 逐影 懷南 八哥 八八兒仝 但南不北 鉤輈 格磔 行不得也 哥哥 杜薄州 竝鷓鴣鳴聲 向日 鷓鴣飛

竹鷄

居竹林 似鷓鴣而小 褐色赤文 山菌子 鷄頭鶻仝 泥滑滑 鳴聲

秧鷄

如小鷄 白斑長觜 居田澤畔《픗듥》

鶪鷄

如鷄 長脚紅冠 雄大雌小《듬복이》

○ 뜸부기의 유사 명칭

조류명	원문 풀이
鷓鴣 (자고)	小似斑鳩 形如母鷄 臆有白圓點 象人字 越雉 寒皐 逐影 懷南 八哥 八八兒仝 但南不北 鉤輈 格磔 行不得也 哥哥 杜薄州 竝鷓鴣鳴聲 向日 鷓鴣飛 ○ 작고 반구와 유사하고 모양은 암탉과 같으며 가슴은 희고 둥근 점이 있는데 인(人) 자를 닮았다. 월치, 한고, 축영, 회남, 팔가, 팔팔아와 같다. 단남불북, 구주, 격책, 행부득야, 가가, 두박주는 자고의 울음 소리이다. 향일은 자고가 나는 것이다.

竹鷄 (죽계)	居竹林 似鷓鴣而小 褐色赤文 山菌子 鷄頭鶻仝 泥滑滑 鳴聲 ○ 대숲에 살고 자고보다 작으면서 유사하다. 　갈색에 붉은 무늬다. 　산균자 계두골과 같다. 니활활은 울음 소리이다.
秧鷄 (앙계)	如小鷄 白斑長觜 居田澤畔《픗닭》 ○ 작은 닭과 같으며 흰색 반점에 부리 는 길고 밭, 연못, 평평한 곳에 산다.《팥닭》
鷖鷄 (등계)	如鷄 長脚紅冠 雄大雌小《듬복이》 ○ 닭과 같으며 다리가 길고 볏이 붉으며 수컷은 크고 암컷은 작다. 　《뜸부기이다》

※ 1820년도로 추정

뜸부기의 다정한 속삭임

7. 광재물보 4(廣才物譜 四) 19세기, 작자 미상

금부(禽部) 원금류(原禽類) 계(鷄)

原文

鷓鴣

形似母鷄頭如鶉 臆前有白圓点 背毛有紫赤浪文 性畏於露早晚稀出飛 出
南嘉多對啼 越雉.懷南.逐影,鉤輈,格磔 其鳴聲

竹鷄

多居竹林 形比鷓鴣差小褐色多斑赤文 其性好啼 見其倚必鬪 山菌子 鷄
頭鶻 泥滑滑

秧鷄

꾯둙. 大如小鷄 白類長觜 短尾背有白斑多 居田澤間 夏至後夜鳴達 旦秋
後卽止

鄧鷄

듬븍이. 秧鷄類也 大如鷄而長脚紅冠 其聲甚大 鶬鷄

○ 뜸부기와 유사한 조류명

조류명	원문 풀이
鷓鴣 (자고)	形似母鷄頭如鶉 臆前有白圓点 背毛有紫赤浪文 性畏於露早 晚稀出飛 出南翥多對啼 越雉.懷南.逐影,鉤輈,格磔 其鳴聲 모양이 암탉과 비슷하고 머리는 메추리와 같으며 가슴 앞에 희고 둥근 점이 있고 등에는 자색, 적색 물결 무늬가 있다. 특성은 아침 이슬을 싫어하여 해질 무렵 드물게 날아가며, 남쪽으로 날아갈 때 많은 울음 소리를 듣는데 월치, 회남, 축영, 구주, 격책이 그 울음 소리다.
竹鷄 (죽계)	多居竹林 形比鷓鴣差小褐色多斑赤文 其性好 啼 見其倚必鬪 山菌子 鷄頭鶻 泥滑滑 대숲에 많이 산다. 모양은 자고보다 조금 작으나 갈색 반점이 많으며 적색 무늬이다. 그 본성은 울기를 좋아하고 같은 무리를 보면 반드시 싸운다. 산균자 계두골 니활활이다.
秧鷄 (앙계)	픗둙. 大如小鷄 白類長觜 短尾背有白斑多 居 田澤間 夏至後夜鳴達 旦秋後卽止 픗둙.크기는 작은 닭과 같고 흰 종류이나 부리가 길다. 꽁지는 짧고 등에는 흰 반점이 많으며 밭과 연못 사이에 산다. 하지 후에는 밤에 잘 울고 가을이 끝나면 즉시 그친다.
鄧鷄 (등계)	듬북이. 秧鷄類也 大如鷄而長脚紅冠 其聲甚大 鶗鷄 듬부기. 앙계의 종류이다. 닭과 같이 크나 긴 다리와 붉은 벼슬이 있고 그 소리는 심히 크다. 등계라 한다.

叔 : 高麗大藏經 但遠遙聞菩薩之聲

8. 육서심원(六書尋源) 25편

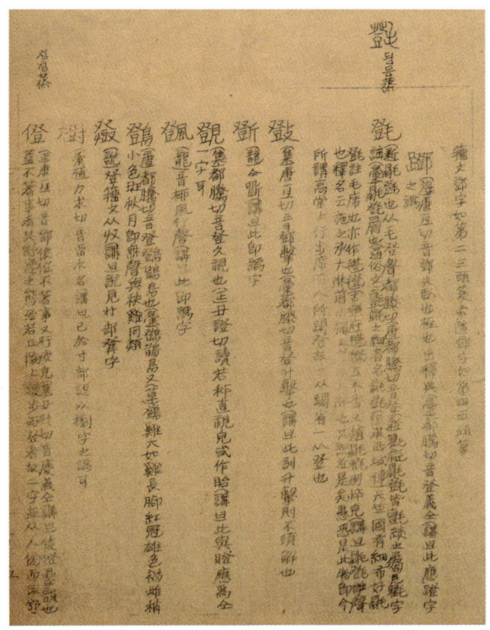

출처: 서울대학교 규장각

原文

籀文鐙字 如第二三頭篆 索隱鐙字 如第四伍頭篆 蹬 (海)唐互切 音鐙 失臥也 極也 出釋典 (彙)都騰切 音登 義全 (講曰)此應蹬字 之譌 毧 (新) 毦毧也 從毛登聲 都勝切 (唐)都騰切 音登 (新)氉毟毦毧 皆毦綫之屬 見氉字 註 (彙)毦毧氍也 (通俗文)氈毟之細者 名毦毧 (後漢西域傳)天竺國 有細布好毦 毧 註 毛席也 亦作㲪㲪(古樂府) 㲪㲪伍木香 又(類)毦毧羽悴兒 (講曰)毦毧雙聲 也 釋名云 施之承大牀前小榻上登以上牀也 其說近 是矣 愚恐是此物 卽今 所謂高堂上行步席 而人所蹋登 故一从蹋省一从登 也 敪(集)唐互切 音鐙 擊也 (彙)都勝切 音登 升擊也 (講曰)此訓升擊 則 不須解也 斳 (龍)全斲 (講曰)此卽譌字 覴(集)都騰切 音登 久視也 (正) 丑證切 讀若秤 直視兒 或作眙 (講曰)此與瞪應爲全 一字耳 颵 (龍)音枏 風行聲 (講曰)此卽譌字 鶁講(唐)都騰切 音登 鶁鵲鳥也 (彙)鶁鵲鳥 又(

181

草)鷧雞 大如雞 長脚 紅冠 雄色褐 雌稍 小 色斑 秋月卽無聲 與秧雞同類
籐(說)登籀文 从収 (講曰)說見卄部聲字 樹 (彙補)力求切 音臼 木名 (講
曰)已於寸部 認以欏字之譌耳 僜 (正)唐亙切 音鄧 倰僜不著事 又行疲皃
(集)丑升切 音慶 義仝 (講曰)倰僜 疊韻也 蓋不著事者 其舒遲之態殆 若
丘陵上緩步 而登者故二字 並从人傷而取舒

鷧 (등 ; 뜸부기)

(唐)都騰切 音登 鷧鷞鳥也 (彙)鷧鷞鳥 又(草)鷧雞 大如雞 長脚
紅冠 雄色褐 雌稍 小 色斑 秋月卽無聲 與秧雞同類

당나라의 도승절 음등 등개조이다. 휘는 등작조, 또는 (초)등계
라 한다. 큰 닭과 같고 다리가 길고 붉은 벼슬에 수컷은 갈색이다.
암컷은 조금 더 작고 얼룩 무늬가 있으며 가을에 달이 뜨면 소리
를 내지 않는데 앙계와 같은 종류이다.

육서심원(六書尋源)

구한말에 권병훈(權丙勳)*이 글자의 구성 원리를 해설한 책이
다. 수편(首編) 2책과 나중에 추가된 보편(補編) 1책을 포함하여
모두 30책으로 이루어져 있다. 설문해자(說文解字), 옥편(玉篇),
자휘(字彙), 강희자전(康熙字典), 광운(廣韻), 집운(集韻) 등을 인
용하는 한편 자신의 독창적인 견해를 수록하였는데, 모든 형성
자의 소리 부분에도 뜻이 있다고 여겨 소리 부분마저 모두 해설
한 점이 특징이다. 즉, 이 관점에서 형성자는 회의자이기도 하다.

* 권병훈(1864-1941)
자는 남리(南里), 호는 성대(惺臺). 함훈지방 재판소의 판사로
있다가 사법권을 일본에 빼앗기자 관직을 버리고 설문학(說文学)
연구에 몰두하였다.

9. 뜸부기 및 유사 조류(鳥類)

출처 : 우리말 큰사전

조류명	내용
鷓鴣 (자고새)	자고(Alectoris graeca pubescens) 꿩과에 딸린 새, 모양은 메추라기와 비슷하나 조금 크다. 날개 길이는 수컷이 17cm, 암컷이 16cm 정도이고 꽁지는 8~10cm, 날개는 감람 녹색, 등배와 꽁무니는 황갈색이다. 목에서 눈에 걸쳐 까만 고리가 둘렸으며 부리와 다리는 붉다. 산이나 들에 살며 풀씨·곤충 따위를 먹는다. 수렵조(狩獵鳥)로서 고기는 맛이 좋다. 우리나라·만주·중국·유럽 동부 등지에 분포한다.
秧鷄 (앙계)	흰눈썹뜸부기(water rail)를 말한다. 학명은 Rallus aquaticus. 몸길이 약 29cm이다. 부리는 길고 윗부리는 검은 갈색, 아랫부리는 붉은색이다. 등은 갈색 바탕에 검은색 세로 무늬가 있고 배쪽은 회색이다. 옆구리는 검은색 바탕에 흰색 가로 무늬가 있다. 번식기에는 '찍, 찍' 하고 날카로운 소리를 낸다. 5~6월에 6~7개의 알을 낳아 암수 함께 품는다. 먹이로는 어류·새우류·복족류·곤충류 등의 동물성과 각종 식물의 씨앗 등을 먹는다.
鷸鷄 (등계)	① 뜸부기과에 딸린 새를 통틀어 일컫는다. ② 뜸부기과(Gallicrex cinerea)에 딸린 새의 하나. 날개 길이는 16~22cm, 꽁지는 6~8cm이며, 암수에 따라 빛깔이 다르다. 수컷은 머리·목·배 쪽이 검은색이고 깃의 가장자리는 연한 회색이고 등은 검은 갈색이며 허리와 꼬리 덮깃은 갈색이다. 암컷은 수컷에 비하여 검은색이 옅고 갈색을 많이 띠고 있다. 호수·하천 등지의 갈대숲이나 논에서 살며 곤충·연체 동물·식물의 열매 따위를 먹는다. 4월에 와서 10월까지 머무는데 산란은 6~9월 사이에 갈대나 벼 포기 등으로 둥우리를 만들고 알은 3~5개를 낳는다.

계칙[鸂鶒(鷘)]의 시대적 배경

1. 고려시대의 계칙(鸂鶒)

開國寺池上作(개국사지상작) 개국사 연못에서 짓다.

李奎報(이규보)

尋僧散步樹陰中(심승산보수음중)
스님을 찾아 나무 그늘 속으로 산보하다가

遇勝留連曲沼東(우승류연곡소동)
절경을 만나 이어진 굽은 연못 동쪽에 머물렀다.

點水蜻蜓綃翼綠(점수청정초익록)
물에 비치는 잠자리의 얇은 날갯빛 푸르고

浴波鸂鶒繡毛紅(욕파계칙수모홍)
목욕하는 물무늬에 계칙의 털이 붉게 수놓아지네.

2. 조선시대의 계칙(鸂鶒)

○ 1408년(태종 16), 조선왕조실록(3월 30일자 임술의 두 번째 기사)

 - 계칙(鸂鶒), 실록에 첫등장

○ 1426년(세종 8), 조선왕조실록 31권(2월 26일자 6번째 기사)

 - 계칙(鸂鶒) (뜸부기, 비오리, 원앙 : 수(繡)의 유실로 알 수 없음)

○ 1527년(중종 22), 훈몽자회(訓蒙字會 ; 아동용 한자 학습의 기본
　서책) 간행

- 계칙(鸂鶒) : 듬부기 명칭의 한글 등장

O 1682년(숙종 8), 역어유해(譯語類解 ; 중국어 어휘사전) 편찬

- 鸂鶒(계칙 ; 키치)은 풋돍, 일명 듬부기

O 1798년(정조 22), 재물보(才物譜)에 등계(鶁鷄 ; 뜸부기) 등장

3. 계칙(鸂鶒)의 출처

한자	새 이름	출처	비고
鸂 (뜸부기 계) 鶒 (뜸부기 칙)	뜸부기	訓蒙字會 康熙字典	俗稱, 水鷄
鸂 (자원앙 계) 鶒 (자원앙 칙)	자원앙 원앙새	說文. 埤雅 : 鳥部 謝靈運 鸂鶒賦	
鸂鶒 ⇨ 鴛鴦	원앙	中國傳統文樣	

출처 : 강희대옥편[협신출판사(1975)], 홍자옥편[민중서림(1984)], 명문대옥편[명문당(1992)],
한국복식사전

O 계칙(鸂鶒) ; 뜸부기

뜸부기 수컷

뜸부기 암컷

○계칙(鸂鶒) ; 자원앙(비오리)

비오리 수컷

비오리 암컷

　길이 58~68cm, 부리는 붉은색이다. 끝이 검으며 아래가 굽었다. 수컷의 머리는 광택이 나는 청록색으로 댕기는 없다. 등과 어깨는 검은색이고 몸은 흰색이며 위꽁지 덮깃은 회색이다. 변화된 깃은 암컷과 비슷해지지만 댕기가 없다. 암컷은 갈색의 머리에 갈래의 짧은 댕기가 있다. 멱과 가슴은 흰색, 몸은 회색이다.

　암수 또는 무리를 이루고 잠수하여 날카로운 부리로 사냥을 한다. 강과 하천·호수·저수지·강 하구 등에서 관찰이 되며 식성은 어류와 갑각류·양서류이다.

○계칙(鸂鶒) ; 원앙(鴛鴦)새(옛 이름 ; 원앙, 증경이 또는 징경이)

수컷은 원(鴛)

암컷은 앙(鴦)

① 중국 최초의 자전이라 할 수 있는 이아(爾雅)나 설문해자(說文挮字), 분류사원(分類辭源)에도 원앙(鴛鴦)이란 종의 명칭이 정확히 기술되어 있다.

② 한의학 고서인 『본초강목』에도 수컷은 원(鴛), 암컷은 앙(鴦)이라고 하였다.

   암수의 깃털 색이 너무 차이가 나서 전혀 다른 종의 새로 알았다가, 번식기철에 다정한 모습을 보고 같은 종임을 알았다.

③ 증경이는 징경이라고 하며, 즉 저구(雎鳩)이다.

關關雎鳩 在河之洲(관관저구 재하지주) - 詩經(시경)

꾸룩꾸룩 징경이(물수리)는 황하의 섬에서 우는데

※ 시경에 원앙과 저구(징경이)는 분명 다른 맥락이었다.

○ 계칙(鸂鶒) 무늬를 하급 관리의 관에 수를 놓도록 하였다는 기록이 전함. (조선왕조실록 31권, 세종 8년(1426) 2월 26일자 기사)

계칙(鸂鶒, 鵁)이란?

1) 문자는 같으나 뜻이 다르다

○ 古來(고래)로 민가에서 이어온 鸂鶒(계칙)

鸂 ; 뭇닭(물닭) 계, 듬부기 계 ⇨ 자원앙 계, 원앙새 계

鶒 ; 뭇닭(물닭) 틱(칙) ⇨ 자원앙 칙, 비오리 칙(척)

○ 문관(文官)·조복(朝服)에 계칙화금(鸂鶒花錦)의 수(繡)

- 듬부기 무늬의 꽃비단

- 자원앙(비오리) 무늬의 꽃비단

- 원앙 무늬의 꽃비단

※ 유실로 인하여 확인 할수 없음.

2) 절구(絕句)는 같으나 뜻 풀이가 다르다

- 동일한 절구에도 완전히 다른 종을 가리킨다.

① 鸂 : 듬부기 계 ⇨ 자원앙 계

- 水鳥(수조 ; 물새), 水鷄(수계 ; 물닭)

② '자휘(字彙)'에서는 鶒(원앙새 칙)과 鷓(자고새 자)는 같은 자다.

- 謝靈運, 鸂鶒賦 覽水禽之萬類 信莫麗於鸂鶒(사령운 계칙부 람수
  금지만류 신막려어계칙)

- 사령운, 계칙부에 여러 종류의 물새를 보아도 계칙보다 고운 것은 없다.

③ 鶒 : 비오리 척, 칙(오리과의 원앙새와 비슷한 새)

- 謝靈運, 鸂鶒賦 信莫麗于鸂鶒(사령운 계칙부 신막려우계칙)

- 사령운, 계칙부에 계칙보다 곱지 않다.

※ 說文解字, 埤雅

○ 說文 作谿鵡(설문 작계칙)

- 설문해자는 계칙이라 하였다.

○ 埤雅 鸂鶒伍色 尾如船舵 在山澤中 無復毒氣 其宿若有勅令 故謂鸂鶒

- 비아·계칙은 오색으로 꽁지가 배의 키 같고 산과 못에 살며 독한
  기운이 다시 없고 그들이 잘 때는 칙령을 내린 듯하다. 그러므로 계
  칙이라 한다. 鵡;자원앙새 칙, 털에 오색 무늬가 있는 물새 칙

근현대의 계칙(鸂鶒)

● 康熙大玉篇(協新出版社) p591 水鳥 - 鷊 : 뜸부기 계(鸂), p588 뜸
  부기 칙(鶒)
● 明文大玉篇(明文堂) p2,122 자원앙 계(鸂), p2,106 원앙새 칙, 자고
  새 자(鶒)
● 에센스 漢字辭典(實用玉篇)(民衆書林)
p1,827 字解 원앙 칙, 鸂鶒 원앙 水鳥也(正韻)
p1,837 鸂 : 자원앙 계, 계칙 ; 자원앙(紫鴛鴦)
● 修正增補 最新弘字玉篇(民衆書林) 뜸부기 계(鸂), 물닭 칙(鶒)
● 國漢最新大字源(民衆書林)1984년 1월5일 초판에는 鸂 자 없음. 鶒
  (비오리 척)
● 東亞 百年玉篇(두산동아) p2,111 字解 ①비오리 계(鸂) ②뜸부기 계
  는 잘못. p2,105 字解 비오리 칙(鶒), 오릿과의 원앙새와 비슷한 새
● 4만4천7百자玉篇(일진사) 뜸부기 계, 자원앙 계(鸂), 뜸부기 칙(鶒)
● 동아실용옥편 1,445p 비오리 계(鸂), 자해 ①비오리 자원앙 오릿과
  의 물새. ②뜸부기는 잘못

출처 : 謝靈運. 賦 信莫麗于鸂鶒

○ 신자전(新字典)

鸂	【계】鸂鶒 水鳥 씀북이 픗다리
	〔杜甫詩〕 一雙鸂鶒對沈浮 (齊) 풀이 : 〔두보시〕 한 쌍의 계칙(물닭, 뜸부기)이 잠겼다 떴다 하고

鶒	【칙】鸂鶒 水鳥 씀북이 물듥
	〔鸂鶒賦〕 信莫麗於鸂鶒 (職) 풀이 : 〔계칙부〕 鸂鶒(뜸부기)보다 고운 것은 없다.

新字典의 序

신자전〔新字典〕 4권 p50에 있는 조부〔鳥部〕 계칙 검색 결과이다.

1915년에 조선 광문회에서 간행한 이 자전은 청나라의『강희자전(康熙字典)』을 토대로, 내외고금의 자전류를 참작하여 시대에 맞도록 바로잡은 것이며, 국내 옥편은 1800년대에 성행하던『전운옥편(全韻玉篇)』을 기준으로 하였다.

이 자전은 지석영(池錫永)의『자전석요』(1909년)를 많이 참조하였으며『강희자전』을 근거로『규장전운』의 자음을 따르고, 속음(俗音)을 병기하는 동시에 3국의 속자를 이미 수록하였으며, 부수(部首) 배열에 검자(檢字)의 내용이 서로 거의 같았기 때문이다.

○ 사휘(辭彙 ;中國, 대만)

구분	출판사	풀이
鸂	文化圖書公司 (문화도서공사)	chi ㊅ 鸂鶒 : 鳥名. 形似鴛鴦. 羽毛多紫色。俗稱紫鴛鴦。
		chi ㊇ 계칙 : 새 이름, 형태는 원앙과 같고, 깃과 털에 자주색이 많다。속칭 자원앙이다。
鶒	文化圖書公司 (문화도서공사)	chyh ㊅ 鸂鶒 : 屬游禽類. 形如鴛鴦, 而大. 毛多紫色。俗稱紫鴛鴦。
		chyh ㊇ 계칙 : 물에서 유영하는 새 종류에 속하고, 형태는 원앙과 같이 크며 털에 자주색이 많다。속칭 자원앙이다。

『長物志』鸂鶒能救水 故水族不能害 蓄之者 宜于廣池巨浸 十百爲群 翠毛朱啄 燦然水中 他如烏啄白鴨 亦可畜一二 以代鵝群 曲欄垂柳之下 游泳可玩

『장물지』[5]에, 계칙은 능히 물을 다스릴 수 있어 물에 사는 동물들은 그들을 해할 수 없다. 이것을 기르려면 넓은 못이나 큰 호수가 마땅하고 10마리나 100마리가 무리지어 사는데 비취색 붉은 부리는 물속에서 찬란하다. 다른 검은 부리의 하얀 오리와 같은 것도 한두 마리 길러 거위 떼를 대신할 수 있는가?

굽은 난간과 늘어진 버들 아래 헤엄치며 노니는 것은 구경할 수 있다.

---

5) 『장물지(長物志)』: 문진형(文震亨)이 쓴 책. 자가 계미(啓美)이고 강소성 소주 사람이다.

『爾雅翼』黃赤五彩者 首有纓者 皆鸂鶒耳 然鸂鶒亦鴛鴦之類 其色
多紫 李白詩所謂七十紫鴛鴦 雙雙戲亭幽 謂鸂鶒也

『이아익』에서 황색과 적색 등의 오색이 있는 것과 머리에 줄이 있는
것은 모두 계칙이다.

그러나 계칙도 원앙 종류로 그 색이 대부분 자색이다. 이백(李白) 시
『고풍 59수(古風五十九首)』의 제18수에서 70마리의 자원앙(紫鴛鴦)이
쌍쌍이 정자에서 그윽하게 노니네 했는데, 계칙을 가리킨다.

『本草綱目』鸂鶒 其遊于溪也 右雄左雌 群伍不亂 似有式度者 故說
文又作溪鵡其形大于鴛鴦而色多紫 亦好幷遊 故謂之紫鴛鴦也

『본초강목』에서 계칙은 시내에서 노니는데 좌측에는 수컷, 우측에는
암컷이 있어 무리의 대오가 어수선하지 않아 법도가 있는 듯하므로 '설
문해자'에는 계칙(溪鵡)이라 하였다.

그 형상은 원앙보다 크고 색깔은 대부분 자색으로 역시 함께 노는 것
을 좋아하므로 자원앙이라 한다.

『埤雅』溪鶩[6] 五色 尾有毛如船舵 小于鴨. 沈約郊居賦 所謂秋鶩
寒鶩 修鸄短鳧是也 性食短狐[7] 在山澤中無復毒氣 故淮賦云 鸂鶩尋

----

6) 계칙(鸂鶩) : 계칙(鸂鶒)이나 계래(鸂鶆)라고도 한다.
   원앙보다 크고 몸에 자주색이 많아 자원앙(紫鴛鴦)이라고도 한다. 중국의 명청 시대에 7품 문관의 관
   복에 수놓아진 무늬가 계칙이다.
   우리나라에서는 뜸부기를 계칙이라고 하기도 하지만 완전히 다른 종류의 새이다.
7) 단호(短狐) : 물속에 사는 껍질이 단단한 벌레의 일종으로 역(蜮), 사공(射工)·사영(射影)·수호(水
   狐)라고도 하며, 물속에 숨어 있다가 사람이 지나갈 때 모래를 뿜어 물에 비친 사람의 그림자를 맞히
   면 그 사람이 병이 나서 죽기도 한다는 전설의 벌레이다.

邪而逐害 此鳥蓋溪中之敕邪逐害者 故以名云

『비아(埤雅)』에 계목(溪鷲)은 오색으로 꽁지에 배의 키와 같은 깃털이 있으며 오리보다 작다고 하였다.

심약(沈約 ; 441~513년, 문학가)의 '교거부(郊居賦)'에서 가을 갈매기와 겨울의 집오리를 기다란 가마우지와 짧은 들오리라고 말한 것이다.

본성은 단호(短狐)를 잡아먹어 산과 호수에 다시는 독기가 없도록 하므로 회부(淮賦)에서 '계칙(鸂鶒)은 사악한 것을 찾아내어 해로운 것을 쫓아내네'라고 하였다.

이 새는 대개는 시내에서 사악한 것을 몰아내고 해로운 것을 쫓아내는 것이므로 이러한 이름을 붙였다.

『둔재한람(遯齋閑覽)』

鸂鶒能敕水 故水宿而莫能害(계측능칙수 고수숙이막능해)

계칙은 능히 물을 다스릴 수 있으므로 물에서 자도 해칠 수가 없다.

『비아(埤雅)』

陳昭裕建州圖經 鸂鶒水渚宿 老少若有敕令也

(진소유건주도경 계측수저숙 노소약유칙령야)

진소유(陳昭裕)의 건주도경(建州圖經)은 계칙은 물가 모래톱에서 자며, 늙은 것과 젊은 것이 칙령을 내린 듯 질서가 있다.

자신의 영역에 들어온 침입자를 찾아가는 뜸부기 수컷

1. 한방에서의 계칙

1) 계칙 (믓돍, 자원앙, 원앙)

① 믓돍(물닭 ;뜸부기) : 예로부터 민간에서 통용되던 현실에서의 언어〔(훈명자회서(訓蒙字會序)〕

② 紫鴛鴦(자원앙 ;비오리) : 중국 시인 사령운(謝靈運)

③ 鴛鴦(원앙) : 수컷은 원(鴛), 암컷은 앙(鴦)

④ 韓方『本草』에서 계칙

　『本草』性平 味甘 無毒治驚邪 可食之

　○『본초』성질이 평(平)하고 맛이 달며 독이 없고, 헛것에 놀란 것(驚邪)을 낫게 한다. 고기도 먹을 수 있다.

　『本草』有五色 尾有毛如船陁 小於鴨

　○『본초』오색 빛깔의 꽁지에 배[船]의 키 모양 같은 깃털이 있으며 집오리보다는 작다.

2) 동의보감(東醫寶鑑)

　鸂鶒 비올히 / 계칙(비오리)

① 性平, 味甘, 無毒. 治驚邪, 可食之.『本草』

　○ 성질이 평(平)하고 맛은 달며 독이 없다. 나쁜 것에 놀란 것을 치료하며 먹을 수 있다.『본초』

② 有伍色, 尾有毛如船柂, 小於鴨.『本草』

　○ 오색 찬란하고 꽁지에는 배의 키같이 생긴 깃털이 있으며 집오리보다 작다.『본초』

○ 탕액편(새[鳥])

- 노사육(鷺鷥肉) = 해오라기 고기

- 고기 = 계칙(鷄鷘;뜸부기)

- 원앙(鴛鴦)

- 탕액편 : 새[鳥] = 자고 = 자고새

- 탕액편 : 새[鳥] = 두견(杜鵑) = 소쩍새

2. 관복(官服)의 품계

1) 흉배

○ 관복의 흉배 - 문무와 품계를 나타냈다.

연산군 11년(1505) 11월 23일자에 문관 1품은 선학(두루미), 2품은
금계(꿩처럼 생긴 새), 3품은 공작, 4품은 운안, 5품은 백한, 6품은 로사
(해오라기), 7품은 계칙(뜸부기), 8품은 황리(꾀꼬리), 9품은 암순(메추
리)을 수놓았다.『연산군일기』

2) 후수(後綏)

○ 계칙동환수(鸂鷘銅環綏)

뜸부기를 수놓은 후수(後綏). 7품 이하 관원이 조복(朝服) 또는 제복
(祭服)을 입을 때의 후수로서 동(銅) 고리가 달려 있음. 계칙은 물닭 또
는 뜸부기라고 하는 새다.

- 『재물보』와『물명고』에서 계칙(鸂鷘)은 비오리, 원앙(鴛鴦, 元央)
  으로 기록

조복은 붉은 비단으로 만든 옷과 치마에 폐실을 늘이고 흰 비단으로 만든 중단을 받쳐 입으며 계칙동환수를 늘이도록 한다. 제복은 푸른 비단으로 만든 옷과 붉은 비단으로 만든 치마에 폐실을 늘리고 흰 비단으로 만든 중단을 받쳐 입으며 계칙동환수를 늘이도록 하며 흰 비단으로 만든 방심곡령을 걸친다.

朝服 赤絹衣裳蔽膝 白絹中單 鸂鷘銅環綏環綏 祭服 靑絹衣 赤絹裳 蔽膝 白絹中單 鸂鷘銅環綏環綏 白絹方心曲領. [경국대전 예전 의장]

(한국고전용어사전, 2001. 3. 30 세종대왕기념사업회)

3) 자원앙(紫鴛鴦)

李白詩 所謂 七十紫鴛鴦 雙雙戲亭幽 謂鸂鶒也.

(이백시 소위 칠십자원앙 쌍쌍희정유 위계칙야)

이백의 시에, 소위 자원앙 칠십 마리가 쌍쌍이 정자에서 그윽하게 노는 것을 계칙이라 하네.

鸂鷘其遊于溪也 左雄右雌 群俉不亂 似有式度者 故說文又作溪鶒 其形大于鴛鴦而色多紫. (계칙기유우계야 좌웅우자 군오불란 사유식도자 고설문우작계칙 기형대우원앙이색다자)

계칙은 시내에서 노는데 좌측에는 수컷, 우측에는 암컷이 있어 무리의 대오가 어지럽지 않아 절도가 있는 것 같아 설문해자에는 계칙(係鶒)이라 했다. 그 형태가 원앙보다 크고 색은 자줏빛이 많다.

※ 鶒 자원앙 칙, 털에 오색 무늬가 있는 물새 칙

亦好幷遊 故謂之紫鴛鴦也.

(역호병유 고위지자원앙야)

또한 함께 어울려 노는 것을 좋아해서 자원앙이라 하였다.

鸂鶒能敕水 故水族不能害 蓄之者 宜于廣池巨浸 十百爲群 翠毛朱
喙 燦然水中 他如烏喙白鴨.

(계칙능칙수 고수족불능해 축지자 의우광지거침 십백위군 취모주훼 찬연
수중 타여오훼백압)

계칙은 능히 물을 다스린다. 그러므로 수족(물에 사는 동식물)들은
능해 해치지 못한다. 기르려면 넓은 못이나 큰 호수가 마땅하고, 열 마
리나 백 마리가 무리를 지어 비취색 깃털에 붉은 부리가 물속에 찬란하
다. 다른 검은 부리의 흰 오리와 같다.

亦可畜一二 以代鵝群 曲欄垂柳之下 游泳可玩.

(역가축일이 이대아군 곡란수류지하 유영가완)

또한 한두 마리를 길러서 거위 무리를 대신할 수 있으며 굽은 난간에
드리워진 버들 아래에서 헤엄치는 것을 구경할 수 있다.

黃赤五彩者 首有纓者 皆鸂鶒耳 然鸂鶒亦鴛鴦之類 其色多紫.

(황적오채자 수유영자 개계칙이 연계칙역원앙지류 기색다자)

황색과 적색 등 오색이 있는 것과 머리에 줄이 있는 것은 다 계칙이
다. 그러나 계칙은 원앙의 종류로 그 색은 자줏빛이 많다.

3. 태종 16년 3월 30일자 두 번째 기사

原文

○ 禮曹上朝官冠服之制。

啓曰: "謹稽洪武三年中書省據禮部呈, 欽奉聖旨, 賜與冠服咨內一款: 陪臣祭服, 比中朝臣下九等, 遞降二等, 王國七等。

- 中略 -

七八九品冠一梁, 革帶用銅, 佩用藥玉, 綬用黃綠二色絲, 織成鸂鶒花錦, 下結靑絲網。綬環二用銅, 笏用槐木。"從之。

○ 풀이

예조에서 朝官(조관)의 冠服(관복) 제도를 올렸다.

啓聞(계문)에 이르기를 ;

"삼가 洪武(홍무) 3년에 中書省(중서성)이, 예부에서 바친 欽奉聖旨(흠봉성지)에 冠服(관복)을 賜與(사여)한 咨文(자문) 안의 一款文(1관문)을 상고하니, 陪臣(배신)의 祭服(제복)은 中朝(중조)에 신하의 9등을 비교하여 2등급을 遞降(체강)하여 王國(왕국)은 7등으로 하였다.

- 중략 -

7·8·9품(品)의 관(冠)은 1량(一梁)으로 혁대는 동(銅)을 쓰고, 패(佩)는 약옥(藥玉)을 쓰고, 수(綬)는 황색·녹색 2색을 쓰고, 실로 짜서 계칙화금(鸂鶒花錦)[8]을 이루고, 아래에는 청사망을 맺고, 수환(綬環)은 두 개로 동(銅)을 쓰고, 홀(笏)은 괴목(槐木)을 쓰게 하소서."

---

8) 계칙화금(鸂鶒花錦) : 뜸북새 무늬의 꽃비단

임금이 그대로 따랐다.

○【태백산사고본】14책 31권 25장 B면【국편영인본】2책 110면

4. 세종 8년 2월 26일자 여섯 번째 기사

原文

○ 禮曹啓: "曹與儀禮詳定所, 謹按朝廷冠服之制, 洪武二年十月
　　日, 中書省欽奉太祖高皇帝聖旨, 賜與高麗 恭愍王冠服咨文內
　　……中略

《洪武禮制》內, 文武官朝服, 梁冠, 赤羅衣, 白紗中單……中略

八品九品冠一梁, 革帶用銅, 佩用藥玉, 綬用黃綠二色絲, 織成鸂鷘
花錦, 下結靑絲網綬, 環二用銅, 笏用槐木。……中略

　群臣凡大朝會, 服朝服……中略

七八九品冠一梁, 革帶用銅, 佩用藥玉, 綬用黃綠二色絲, 織成鸂鷘
花錦, 下結靑絲網綬, 環二用銅, 笏用槐木。

　以下 省略

○ 풀이

예조에서 계하기를,

"본조와 의례 상정소에서 삼가 조정의 관복(冠服) 제도를 조사하오
면, 홍무 2년 10월 일에 중서성(中書省)에서 삼가 태조 고황제의 명령
을 받들어 고려 공민왕에게 관복을 내리는 자문(咨文) 가운데,……중략

《홍무예제》 가운데에 문무관의 조복은 양관(梁冠)·적라의(赤羅衣)·
백사중단……중략

8·9품의 관은 한 줄이며, 혁대는 동을 쓰고, 패는 약옥을 쓰며, 수
는 노랑·녹색의 두 가지 실로 뜸부기(鸂鶒)의 무늬를 수놓은 꽃비단
으로 만든다. 아래는 청색 실로 망수를 만든다. 고리는 둘인데 동을 쓰
며, 홀은 괴목을 쓴다.

여러 신하는 대조회(大朝會)에서는 조복(朝服)을 착용하며……중략
7·8·9품의 관은 한 줄이고, 혁대는 동을 쓰며, 패는 약옥을 쓰고, 수
는 노랑과 녹색의 두 가지 실로 뜸부기(鸂鶒)의 무늬를 수놓은 꽃비단
을 짜서 쓰며, 아래의 매듭은 청색 실의 망을 쓰고, 수의 고리는 둘인데
동을 쓰며, 홀은 괴목을 사용한다……이하 생략

5. 경국대전 예전 의장조(經國大典 禮典 儀章條)

儀章條

所以蔽前也 古者以韋爲之 席地而坐以臨俎豆 故設蔽膝以備濡漬
(소이폐전야 고자이위위지 석지이좌이임조두 고설폐슬이비유지)

소위 앞을 가리는 것이다. 옛날에는 가죽으로 만들었다. 땅에 자리를
잡고 앉아서 제사에 임하였기에 폐슬(蔽膝 ; 무릎가리개)을 만들어 젖는
것을 대비하였다.

……중략

水鳥伍色 小於鴨 埤雅作溪鵣 其宿若有勅令 故名

(수조오색 소어압 비아작계칙 기숙약유칙령 고명)

다섯 가지 색을 가진 물새이다. 오리보다 작다. 비아(埤雅)에서는 계칙(溪鵣 ; 뜸부기, 비오리)이라 하였는데 그 잠자는 모습이 칙령이 있는 것 같아서 이름을 붙였다.

服 七品至九品朝服 赤綃衣裳蔽膝 白綃中單 鸂鵣銅環綬

(복 칠품지구품조복 적초의상폐슬 백초중단 계칙동환수)

옷은 7품에서 9품까지 조복 적초의(붉은 초로 만든 옷)이며 치마는 흰 생초로 만든 소매가 넓은 두루마기에 계칙(鸂鵣 ; 뜸부기) 무늬를 수놓은 후수 위에 동(銅) 고리 두 개를 달았다.

> ※ 경국대전은 세조 때 만들기시작해서 성종 때 완성된 법전이다.
> 세조 6년(1460) 7월에 호전(戶典)·호전등록(戶典謄錄)을 완성하고 이듬해 7월에 형전(刑典), 1466년에 이전(吏典)·예전(禮典)·병전(兵典)·공전(工典)을 완성하고 개정과 검토를 하여 1468년에 초안을 완성했다
> 1485년 1월 1일에 최종 내용 검토를 거쳐 을사대전이라 하였는데 이것이 영세불변의 조종성헌(祖宗成憲)이라 불리는 경국대전 완성본이다.

6. 계칙(鸂鵣)의 용도

조복(朝服)

○ 용도

조복은 문무백관의 조하복(朝賀服)으로, 대사(大祀)나 정조(正朝)·동지(冬至), 및 조칙(詔勅)을 반포(頒布)할 때 또는 진연(進宴)에, 그리

고 왕실 가례 때에 착용하였다.

○ 품계(品階)에 따른 문·무관의 대례복의 도표

品階	조선왕조(朝鮮王朝)〔단종 2년(1454) 제정〕		명조(明朝)〔연산군 11년(1505) 이후〕	
	文 官	武 官	文 官	武 官
一品	공작(孔雀)	호표(虎豹)(범과 표범)	선학(仙鶴)(두루미)	사자(獅子)
二品	운안(雲雁)(구름과 기러기)	호표(虎豹)	금계(金鷄)(꿩처럼 생긴 새)	사자(獅子)
三品	백한(白鷴)(흰한새)	웅표(熊豹)(곰과 표범)	공작(孔雀)	호표(虎豹)(범과 표범)
四品			운안(雲雁)(구름과 기러기)	호표(虎豹)
五品			백한(白鷴)(흰한새)	웅표(熊豹)(곰과 표범)
六品			로사(鷺鷥)(해오라기)	표(彪)(칙범)
七品			계칙(鸂鷘)(물닭, 뜸부기)	표(彪)
八品			황리(黃鸝)(꾀꼬리)	서우(犀牛)(물소)
九品			암순(鵪鶉)(메추리)	해마(海馬)(물표범과 비슷함)

한시(漢詩) 속의 뜸부기

1. 금언시 니활활(禽言詩 泥滑滑 - 새소리 시)

戱作禽言以奇圓山之興(희작금언이기원산지흥)

(새소리로 기이한 원산의 흥을 장난삼아 읊다)

李誠中(이성중 1330~1411년) ; 고려 말/조선 초기의 문신

東菑布穀春將老(동치포곡춘장로)
묵정밭에 씨뿌리자 봄은 다 가고(포곡/뻐꾸기)

南浦提壺願始違(남포제호원시위)
남포서 술마시려다 어그러졌네(제호/직박구리)

泥滑滑時行不得(니활활시행부득)
진흙탕이 미끄러워 갈 수 없고(니활활/뜸부기, 자고새)

杜鵑何事更催歸(두견하사갱최귀)
두견새는 어이해 돌아가라 재촉하나(두견새/소쩍새)

布穀(포곡) : 뻐꾸기(포곡조), 씨를 뿌림
南浦(남포) : 대동강가 포구
堤壺(제호) : 직박구리(제호조), 술병
泥滑滑(니활활) : 뜸부기, 진흙탕이 미끄러움
杜鵑(두견) : 두견이, 작은 뻐꾸기

泥滑滑(니활활)

徐居正(서거정 1420~1488년)

泥滑滑泥滑滑(니활활니활활)
진창이 미끄러워 진창이 미끄러워

悵望雲山烟水闊(창망운산연수활)
창망하게 운산의 물안개를 보니

江湖無波舟楫完(강호무파주집완)
강호는 풍파 없고 배와 노는 온전하여

擧纜鼓枻催曉發(거람고예최효발)
닻 들고 노를 저어 새벽 출발 재촉한다.

夜泊潯陽江盡頭(야박심양강진두)
밤에 심양강에 정박하여 강머리에 올랐건만

泥深路滑須暫憂(니심로골수잠우)
진창 깊고 길은 미끄러워 한동안 근심하네.

서거정(徐居正, 1420~1488년)

　조선 초기의 문신(文臣)이다. 자(字)는 강중(剛中)·자원(子元), 호(號)는 사가정(四佳亭)·정정정(亭亭亭)이다. 본관(本貫)은 달성(達成), 벼슬은 대제학이다.

　학자들과 공동 저술로는『동국통감』·『동국여지승람』·『동문선』·『경국대전(經國大典)』·『연주시격언해(聯珠詩格言解)』등과 개인 시문집인『사가집(四佳集)』과『역대연표』·『동인시화(東人詩話)』·『태평한화골계전(太平閑話滑稽傳)』·『필원잡기』·『동인시문(東人詩文)』등이 있다.

泥滑滑(니활활)

金安老(김안로 1481~1537년)

泥滑滑泥滑滑(니활활니활활)
진흙탕이 온통 미끄러워서

潮回渚深江汩汩(조회저심강골골)
조수가 든 얕은 물가의 강물은 넘실넘실

蘋花苕穎春茫茫(빈화초영춘망망)
개구리밥 떠 있는 갈대싹에 봄날은 아득한데

兩岸游女顔如月(양안유녀안여월)
양언덕에 있는 아가씨들 얼굴이 달덩이일세

泥深莫近鴛鴦渚(니심막근원앙저)
진창이 깊어 원앙이 물가 가까이 못 가고

郎馬如龍去超忽(낭마여룡거초홀)
님의 말은 용처럼 홀연히 가버렸네.

김안로(金安老, 1481~1537년 10월 27일)

조선 중기의 문신으로 외척이다. 자는 이숙(頤叔), 호는 희락당(希樂堂), 용천(龍泉), 퇴재(退齋), 본관은 연안(延安)이다. 김전의 형 김흔의 셋째 아들이다. 김제남의 종증조부이다. 중종의 딸 효혜공주(孝惠公主)의 남편인 연성위(延城尉) 김희(金禧)는 그의 아들이다.

蠶飽桑陰瘦(잠포상음수)

申欽(신흠 1566~1628년)

上壟泥滑滑(상롱니활활)

언덕 위엔 진흙이 질척거리고

下壟水汩汩(하롱수골골)

언덕 아래엔 물이 졸졸 흐르는데

壟頭饁已罷(롱두엽이파)

언덕 모롱이에서 들밥은 이미 먹었고

翁姑鋤在手(옹고서재수)

시부모는 호미를 쥐고

日暮向坂去(일모향판거)

날은 저물어 언덕 길을 향해 가고

迤指西江口(경지서강구)

좁은 길은 서쪽 강어귀를 가리키네.

신흠(申欽, 1566~1628년)

조선 후기의 문신이다. 서인을 옹호하여 동인의 배척을 받았으나 문장이 뛰어나 선조의 신임을 얻었다. 광해군 때 파직되었다가 인조 즉위 후 벼슬이 영의정에 이르렀다. 이정구·장유·이식과 함께 조선 중기 한문학의 정통으로 평가받는다.

禽語(금어)

崔奎瑞(최규서 1650~1735년)

泥滑滑泥滑滑(니활활니활활)

진창이 미끄러워 진창이 미끄러워

泥滑滑愼無前(니활활신무전)

진창이 미끄러우니 앞으로 나아가지 마라

昨日城南大軍陷(작일성남대군함)

어제는 성남에서 큰 군대 무너져서

輪摧軸絶車仍顚(류최축절차잉전)

바퀴 굴대 부서지고 수레는 전복됐지.

泥滑滑泥滑滑(니활활니활활)

진창이 미끄러워 진창이 미끄러워

覆轍在前君莫歸(복철재전군막귀)

엎어진 수레 앞에 있으니

溺扵水尙可(익어수상가)

물에 빠지는 것이야 괜찮지만

溺扵泥汚人衣(익어니오인의)

진창에 빠지면 옷이 더럽혀지네.

최규서(崔奎瑞, 1650년 효종 1년(1735)~영조 11년)
조선 후기에, 대제학, 우의정, 영의정 등을 역임한 문신이다.
본관은 해주(海州), 자는 문숙(文叔), 호는 간재(艮齋)·소릉(少陵)·

파릉(巴陵). 광주(廣州) 출신이다. 삼당시인으로 꼽히는 최경창(崔慶
昌)의 현손으로, 영조의 묘정에 배향되었으며, 시호는 충정(忠貞)이
다. 시문집으로 『간재집』 15권이 있다.

逗陰北(두음북)

崔永年(최영년)

靑靑水中草(청청수중초)
푸릇푸릇 물속의 풀

食息自淡如(식식자담여)
먹고 쉬니 스스로 담박하네

何不栖碧山(하불서벽산)
어째서 푸른 산엔 살지 않나

白雲好爲廬(백운호위려)
흰 구름은 좋은 집이 되어 줄 텐데

山中多虎豹(산중다호표)
산중엔 범과 표범이 많아서

水居勝山居(수거승산거)
물에 사는 것이 산에 사는 것보다 좋습니다.

靑靑水中草(청청수중초)
푸릇푸릇 물속의 풀

性情自眞如(성정자진여)
성정은 원래 참된 것이라네

何不向江南(하불향강남)
어째서 강남으로 향하지 않나

紅荳好爲廬(홍두호위려)
붉은콩이 좋은 집이 되어 줄 텐데

南中多炎熱(남중다염열)
남쪽은 폭염으로 너무 무더워

北居勝南居(북거승남거)
북쪽에 사는 것이 남쪽보다 좋습니다.

구한말의 최영년(崔永年)의 백금언(百禽言) 중의 뜸부기에 대한 한시이다. 뜸부기의 울음 소리를 한자로 표기한 逗陰北(두음북)은, 즉 '북쪽 그늘에 머물고 싶다'는 뜻이다.

뜸부기를 통하여 기울어져 가는 조선을 표현한 것일까?

최영년(崔永年, 1859년 음력 2월 6일~1935년 양력 8월 29일)
대한제국과 일제강점기의 언론인이다. 종교는 불교다. 대한제국 말기에 일진회 회원으로 활동하였고, 일제강점기를 요순시대로 평하고 1910년 한일 병합의 공을 인정받아 한일병합기념장을 수여받았으며 신소설 작가 최찬식의 아버지이다. 필명으로 매하산인(賣下山人, 梅下山人), 매하생(梅下生)을 썼다.
저서는 해동죽지(海東竹枝), 실사총담, 악부시집이 등이 있다.
출처 : 국어사전(참고문헌 : 친일인명사전)

2. 금언체(禽言體)

1) 금언체(禽言體 ; 새소리 형식)란?

새를 소재로 노래하되 좀더 특수한 방식으로 의미를 전달하는 잡체 한시의 일종이다.

금언체란 새의 울음 소리를 음차 또는 훈차하여 이중 의미를 담아 노래함으로써 표면진술과 이면진술 사이에 긴장과 함축을 머금게 하는 독특한 형식의 한시이다. 새 울음 소리가 주는 의미의 연상과 새의 생태적 속성을 연결 짓고 여기에 다시 새에 얽힌 전설을 풀어낸다.

2) 금언(禽言)

① 포곡(布穀) ; 뻐꾸기(Cucutus canorus)

봄부터 우는 '뻐국, 뻐국' 소리가 '씨뿌려'란 소리로 들린다는 것이다.

현재 중국어 이름은 대두견(大杜鵑)과 뻐꾸기류를 아울러 두견(杜鵑)이라 하고 뻐꾸기는 그중에서도 몸집이 크다는 뜻이며 우리나라에서도 학계에서는 중국과 비슷하여 뻐꾸기를 두견이과로 표기한다.

② 제호(提壺) ; 직박구리(Microscelis amaurotis)

직박구리가 우는 소리가 술병을 끄는 소리처럼 들렸던 것 같다.

현재 중국어 이름은 棕耳鵯(종려나무 종, 귀 이, 직박구리 필)로 영어 이름(brown-eared bulbul)과 같이 귀처럼 생긴 무늬에서 따온 이름 같다. 직박구리류를 통틀어 '삐이'라고 한다니 울음 소리에서 따온 게 분명하다.

③ 니활활(泥滑滑 ; 뜸부기, Gallicrex cinerea)

논에서 사는 뜸부기의 생태적 특징에서 '진흙이 미끄럽다'라고 부르는 것 같다.

현재 중국어 이름은 董鷄(동독할 동, 닭 계)로 '동동동' 하고 우는 닭, 연밭에 사는 닭이라는 뜻과 같다.

④ 행부득(行不得) ; 중화자고(中華鷓鴣/Francolinus pintadeanus)

중화자고란 이름대로 양쯔강 유역과 타이완의 중국 양안에 아종이 살고 있다 한다. '돌아갈 수 없네'라는 뜻으로, 또한 뜸부기로 표현하기도 하였다.

⑤ 두견(杜鵑) ; 두견이(cuculus poliocephalus)

현재 중국어 이름은 小杜鵑(소두견 ; 작은 뻐꾸기 또는 두견이)이라 하는데 실제로는 소쩍새(otus scops)라 한다. 소쩍새의 울음 소리가 귀촉(歸蜀)으로 들리는데 '촉도로 돌아가자'라는 뜻이다.

⑥ 정소(鼎小) ; 소쩍새(otus scops)

자규, 귀촉도, 두견, 두우 등 친근한 이름들인데 우리나라 여름 철새이다. 옛 선비들은 '솥 적다'라고 운다 하여 정소(鼎小) 또는 정소야(鼎小也)로 표현하여 한시에 적용하였다.

3) 죽계(竹鷄 - 자고새)

泥滑滑(니활활) 진창이 너무 미끄러워

苦竹岡(고죽강) 대나무 우거진 언덕 오르기 힘드네.

雨蕭蕭(우소소) 비는 부슬부슬

馬上郞(마상랑) 말 위의 젊은 사내!

馬蹄凌兢雨又急(마제릉긍우우급) 말굽 마구 떨리는데 비가 또 세차

게 오니

此鳥爲君應斷腸(차조위군응단장) 이 새가 그대 때문에 몹시 슬퍼서

창자가 끊어지겠네

※ 니활활(泥滑滑)
 - 뜸부기
 - 알락해오라기 = 竹鸡(죽계)
 - 형용사 : 미끌미끌하다
① 뜸부기의 울음 소리를 옛 시에는 니활활(泥滑滑)로 표현했다.
　진흙이 너무 미끄러워 걸을 수 없다는 뜻이다.
　원래 중국에서 사람들이 새의 울음 소리를 이렇게 듣고 표기한 것이다.
　조선시대 사대부들이 중국의 문물을 받아들임으로써 니활활(泥滑滑)
　을 소재로 쓴 시들이 적지 않다.
② 논에서 사는 뜸부기(Gallicrex cinerea)의 생태적 특징에서 '진흙이
　미끄럽다'라고 부르는 듯하다.
　현대 중국어 이름은 동계(董鷄 ; 연밭에 사는 닭)이다.

4) 본초강목(本草綱目) 금이(禽二)

竹鷄(죽계)

'竹鷄生江南川廣, 處處有之, 多居竹林. 形比鷓鴣差小, 褐色多斑,

(죽계생강남천광 처처유지 다거죽림 형비자고차소 갈색다반)

赤文. 其性好啼, 見其儔必鬪, 捕者以媒誘其鬪, 因而網之

(적문. 기성호제 견기주필투 포자이매유기투 인이망지)

죽계는 강남 천광의 곳곳에 산다. 대숲에 많이 살며 자고새에 비하여 형태가 조금 작고 갈색 반점이 많으며 붉은 무늬도 있다. 그 특성은 잘 울고 무리를 만나면 반드시 싸우므로 사냥꾼들은 잡은 죽계로 싸우도록 꾀어놓고 그물로 잡아 버린다.

【竹鷄 泥滑滑】本草綱目四十八竹雞曰 山菌子卽竹雞也

(죽계 니활활 본초강목사십팔죽계왈 산균자즉죽계야)

【죽계는 니활활이다】 본초강목 사십팔에, 죽계란 산균자가 곧 죽계니라.

時珍曰 菌子言味美如菌也 蜀人呼爲鷄頭鶻 南人呼爲泥滑滑 因其聲也

(시진왈 균자언미미여균야 촉인호위계두골 남인호위니활활 인기성야)

시진은 균자가 균과 같이 맛이 좋다. 촉나라 사람들은 계두골(닭대가리)이라고 하고 남쪽 사람들은 니활활이라 부르는데 그 소리에 인한 것이다.

5) 허당록리경(虛堂錄^犁耕)

虛堂語錄一 杜宇不如歸 竹雞泥滑滑

(허당어록일 두우불여귀 죽계니활활)

허당어록일에 두우는 불여귀요 죽계는 니활활이다.

【竹雞】亦稱泥滑滑 竹鷓鴣 或扁罐罐 屬雞形目 雉科 該鳥羽色豔麗

(죽계 역칭니활활 죽자고 혹편관관 속계형목 치과 해조우색 염려)

죽계 또한 니활활을 말하는데 죽자고 혹은 편관관이다. 닭목형에 속하고 꿩과로 새의 깃이 화려하다.

雄鳥生性好鬥 常被人們馴化爲鬥鳥 以供觀賞

(웅조생성호투 상피인문순화위투조 이공관상)

수컷은 태생이 싸우기를 좋아하여 사람들은 길들여 싸움을 붙이고 구경하였다.

(罐 ;물뜨는 그릇 관, 們 ;무리 문, 馴 ;길들일 순)

6) 백도백과(百度百科)

雜毒海七 白犬尋蹤入草間 驚起竹雞飛上樹

(잡독해칠 백견심종입초간 경기죽계비상수)

흰 개를 풀어 풀숲에 들어가면 죽계는 놀라서 나무 위로 날아오른다.

3. 두시언해의 계칙(杜詩諺解의 鸂鶒)

1) 춘수생 2절(春水生二絕)

두보(杜甫)

詩語　二月六夜春水生(이월육야춘수생)

古語　二月ㅅ 여쐇 바미 봄므리 나니

　　　이월 여섯 밤에 봄물이 나니

詩語　門前小灘渾欲平(문전소탄혼욕평)

古語　門알픳 죠고맛 여흐리 다 평코져 ㅎ놋다

　　　문 앞에 조그만 여울이 다 평안하게 하는구나

詩語　鸕鷀鸂鶒莫漫喜(노자계칙막만희)

古語　가마오디와 믌돌가 쇽졀업시 ㅎ오사 깃디 말라

　　　가마우지와 뜸부기들아 속절없이 기뻐하지 말아라

詩語　吳與汝曹俱眼明(오여여조구안명)

古語　나도 네 물와 다뭇 ㅎ야 다누니 번호라

　　　나도 너희와 더불어 밝은 눈을 갖추리라.

詩語　一夜水高二尺强(일야수고이척강)

古語　ㅎㄹ롯바미 므리 두자히나마 노프니

　　　하룻밤에 물이 두 자나 깊으니

詩語　　數日不可更禁當(수일불가경금당)

古語　　두서 나리면 가히 다시 이긔디 몯ᄒ리로다

　　　　2~3일(수일)이면 가히 다시 이기지 못하리라

詩語　　南市津頭有舡賣(남시진두유강매)

古語　　南녁 져젯 ᄂᆞᆮ 머리예셔 빈 ᄑᆞ리 잇건마른

　　　　남녁 저자(시장) 나루 머리에 배 팔 이 있으랴마는

詩語　　無錢卽買繫籬傍(무전즉매계리방)

古語　　곧 사 욼 ᄀᆞᅀᅵ ᄆᆡ욜 도니 업세라

　　　　곧 사서 울타리 가에 맬 돈이 없어라

【分類杜工部詩卷之十】

2) 계칙(鸂鶒) 강두오영(江頭五詠)

두보(杜甫)

詩語　　故使籠寬織 須知動損毛(고사롱관직 수지동손모)

古語　　부러 ᄒᆞ여 籠을어 위에 ᄣ나몸뮈우 메터리 ᄒᆞ야듀믈 모로매 아도다.

　　　　일부러 새장으로 하여금 넉넉하게 짜서 몸을 움직여 털이 헐

　　　　것을 모름지기 아는 것이다.

　　계칙(鸂鶒)

　　두보가 보응원년(報應元年) 762년 봄에 강두오영(江頭五詠)의 한시로

물닭(鸂鶒)에 빗대어 자신을 읊은 시

詩語　看雲莫悵望 失水任呼號(간운막창망 실수임호호)

古語　구루믈 보고 슬허 브라돌 말라 므를 일흘시 블러우로믈 任
意로 ᄒ놋다.

구름을 보고 슬퍼하여 바라지 말라. 물을 잃을 때는 불러 오는
것을 임의로 하는구나.

詩語　六翮曾經剪 孤飛卒未高(육핵증경전 고비졸미고)

古語　여슷 낫 늘갯 지치 일즉 부유믈 디내니 외로이 ᄂ라 ᄆ촘매 노
피 몯ᄒ 놋다.

여섯 낱 날개의 깃이 일찍이 베임을 겪으니 외로이 날아 마침
내 높이 오르지 못하는구나.

詩語　且無鷹準慮 留滯莫辭勞(차무응준려 류체막사로)

古語　매를 시름호미 업스란딕 머무러 이슈매 ᄀᆺ보믈 마디 말라.

매를 걱정함이 없는데 머물러 있음에 피곤해함을 마다하지 말라.

【分類杜工部詩卷之十七】

3) 秋日夔府詠懷奉寄鄭監審 李賓客之芳 一百韻

(추일기부영회봉기정감심 이빈객지방 일백운)

두보(杜甫)

詩語　絶塞烏蠻北 孤城白帝邊(절새오만북 고성벽제변)

古語　먼邊塞-烏蠻ㅅ北에 외로왼城이 白帝ㅅ ᄀ싀로다

변방은 오만의 북쪽에 있고 외로운 성은 백제의 변두리로다

詩語　飄零仍百里　消渴已三年(표령잉백리 소갈이삼년)

古語　飄零히돈니는길히지즈로百里로소니 消渴ㅅ病은ᄒ마세히로다

　　　표령히 떠돈 길이 백 리이니 소갈병은 이미 삼 년이네.

詩語　雄劍鳴開匣　群書滿繫船(웅검명개갑 군서만계선)

古語　수갈한 여럿는 匣애셔울오여러글워른미욘비예ᄀ득ᄒ얏도다

　　　웅검은 열린 갑에서 울고 많은 서적은 매인 배에 가득하다.

詩語　亂離心不展　衰謝日蕭然(난리심부전 쇠사일소연)

古語　어즈러워여희여든뇨매ᄆᆞ물펴디몯ᄒ오니늘거날로蕭然호라

　　　난리에 마음을 펴지 못하고 늙어가니 날로 소연하여라.

詩語　筋力妻孥問　菁華歲月遷(근력처노문 청화세월천)

古語　히믈겨집과 子息괘묻ᄂᆞ니곳퍼歲月이올가가놋다

　　　근력이 어떠냐고 처자식이 묻거늘 청화는 세월따라 옮겨 가나니

詩語　登臨多物色　陶冶賴詩篇(등임다물색 도야뢰시편)

古語　노폰ᄃᆡ을아디러보니物色이하니陶冶호믈긄篇을依賴ᄒ노라.

　　　높은 데 오르니 경치가 좋아 갈고 다듬어 시편을 의뢰하네.

詩語　峽束滄江起　巖排古樹圓(협속창강기 암배고수원)

古語　峽이믓근듯ᄒ니滄江이니렛고바회에버렛는볏남기두렵도다.

　　　협이 묶은 듯하니 창강이 일어나고 바위는 늙은 나무를 둥글게
　　　늘어섰다.

詩語　拂雲霾楚氣 朝海蹴吳天 (불운매초기 조해축오천)

古語　구루메다잇는楚ㅅ氣運이어듭고바라래가는므른吳ㅅ하늘흘츳놋다

구름은 초나라 기운을 어둡게 하고 아침 바다는 오나라 하늘을 구른다.

詩語　煮井爲鹽速 燒畬度地偏 (자정위염속 소사도지편)

古語　우믌믈글혀소곰밍ㄱ로믈샐리ㅎ고畬田을블브텨싸度量호믈기운디다ㅎ놋다

우물 물 끓여 소금 만들기를 빨리 하고 畬田(화전밭)에 불붙여 거친 땅 경작하고

詩語　有時驚疊嶂 何處覓平川 (유시경첩장 하처멱평천)

古語　有時예重疊혼묏부릴놀라노니어듸가平혼내흘어드리오.

때로는 중첩된 봉우리에 놀라기도 하고 어디서 평평한 시내를 찾으리.

詩語　鸂鶒雙雙舞 獼猴疊疊懸 (계칙쌍쌍무 미후첩첩현)

古語　믌들근雙雙이춤츠고나분골포둘엿도다.

뜸부기는 쌍쌍이 춤추고 원숭이는 가지마다 매달렸네.

詩語　碧蘿長似帶 錦石小如錢 (벽라장사대 금석소여전)

古語　프른女蘿는기루미씨 곧고어르누근돌혼효가돈곧도다.

푸른 女蘿9)는 길어서 허리띠 같고 고운 돌은 작아서 동전 같다.

---

9) 女蘿(여라) ; 여자들이 치장으로 허리에 두르는 옷단

詩語　春草何曾歇 寒花亦可憐(춘초하증헐 한화역가련)

古語　봄프른어느일즉歇ㅎ리오치위옛고지쏘可히듯오도다.

　　　봄풀은 어찌 일찍 시드리 겨울에 핀 꽃 또한 가련하구나.

詩語　獵人吹戍火 野店引山泉(렵인취술화 야점인산천)

古語　畋獵홀사룩 믄防戍엣브를불어늘믜햇지빈뫼헷므를혀오놋다.

　　　사냥꾼은 防戍에 불을 불어 들판 점포는 산에 물을 끌어오네.

詩語　喚起搔頭急 扶行幾屐穿(환기소두급 부행기극천)

古語　블러니로매머리머리글구믈셜리ㅎ고더위자바녀매몃격지롤들
　　　워브리가뇨.

　　　부르면 일어나서 머리를 급히 매만지고 잡고 다니니 신발이
　　　뚫어지나.

詩語　兩京猶薄産 四海海絶隨(양경유박산 사해해절수)

古語　두셔우레오히려사오나온産業이오四海옌엇게조차든놀사룩미
　　　그첫도다.

　　　두곳 서울에는아직 재산이 조금 있고사해 친구들이 점점 줄어든다.

詩語　幕府初交辟 郎官幸備員(막부초교벽 낭관행비원)

古語　幕府에서 처엄서르브르거늘郎官애幸혀員數롤치오라.

　　　막부에서 처음 불러서 낭관은 다행 일상직이었다.

秋日夔府詠懷 一部

【分類杜工部詩 券之二十】

4) 복거(卜居 ; 살 만한 곳을 정함)

두보(杜甫)

詩語　浣花流水水西頭(완화류수수서두)

古語　浣花 흐르ᄂᆞᆫ믌 믈 西ㅅ녁 머리예

　　　완화 흐르는 물 물 서쪽 머리에

詩語　主人爲卜林塘幽(주인위복림당유)

古語　主人이 수플^와 못과 幽深ᄒᆞᆫ듸爲ᄒᆞ야 사롤듸를占卜ᄒᆞᄂᆞ다.

　　　주인은 살 곳을 수풀과 못이 있는 그윽하고 깊은 곳으로 정하였네.

詩語　已知出郭少塵事(이지출곽소진사)

古語　ᄒᆞ마 城郭ㅅ 밧긔 나 드트렛 이리 져고물아노니

　　　이미 성곽 밖에 나와 보니 작은 속가 일은 알겠고

詩語　更有澄江銷客愁(갱유징강소객수)

古語　ᄯᅩ물ᄀᆞ근ᄅᆞᆷ미 나그내 시르믈ᄉᆞ로미 잇도다

　　　또 맑은 강으로 인해 나그네 시름이 사라지고 있노라

詩語　無數蜻蜓齊上下(무수청정제상하)

古語　數업슨 존자리ᄂᆞᆫᄀᆞ즈기 오ᄅᆞᄂᆞ리거늘

　　　무수한 잠자리는 가지런히 위아래로 날고

詩語　一雙鸂鶒對沈浮(일상계칙대침부)

古語　ᄒᆞᆫ雙ㅅ 믌둘긔相對ᄒᆞ여 ᄌᆞᄆᆞ랑ᄯᅳ랑 ᄒᆞᄂᆞ다.

한쌍의 물닭은 서로 마주하여 잠겼다 떴다 한다.

詩語　東行萬里堪乘興(동행만리감승흥)

古語　東녀그로 萬 里예 녀가 興을 탐직ᄒ니

　　　동녘으로 만 리에 흥이 일어 갈 만하니

詩語　須向山陰上小舟(수향산음상소주)

古語　모로매 山陰을 向ᄒ야 져근 비예 올오리라

　　　모름지기 산음을 향하여 작은 배에 오르네

【分類杜工部詩 券之七】
출처 : 국립민속박물관

※분류두공부시언해 : 중국 당나라 시인 두보(712~770년)의 시를 모아 세종 때 만들어진 찬주분류두시(纂註分類杜詩)를 바탕으로 성종의 명에 의한 유윤겸(柳允謙), 유휴복(柳休復) 조위(曺偉), 의침(義砧) 등이 언해하여 성종 12년(1481년)에 간행한 최초의 언해시집이다.

이 책은 25권 17책으로 을해자본(乙亥字本)이라 하며 줄여서 두시언해(杜詩諺解)라 하였다.

옛노래

1. 창악집성(唱樂集成)

김매기 노래(가야금 병창 P842)

♪혜 혜 김매러 가세 김을 매러 가세
얼럴럴 상사디야 김매러 가요♪

뒷집에 머슴아 김매러 가요
우리 논 다 매고 자네 논 매세 에헤헤헤 에헤야디야
논 가운데 뜸북새 뜸북 뜸북 이 논으로 날면서 뜸 뜸북 뜸북
알맞게 비가 와서 오곡은 자라 해해년년이 풍년이 들어
경술년 대풍년이 다시나 돌아오니 두둥실 춤을 추자 추자

저 건너 외배미 김매러 가요
외배미 다 매면 뉘 논을 맬까 에헤헤헤 에헤야디야
논 가운데 뜸북새 뜸북 뜸북 이 논으로 날면서 뜸 뜸북 뜸북
알맞게 벼가 익어 추수를 하니 해해년년이 풍년이 되니
경술년 대풍년이 다시나 돌아오니 두둥실 춤을 추자 추자

출처 : 국립민속박물관

○ 가야금병창(伽倻琴倂唱)

- 연주자가 가야금을 직접 연주하면서 단가나 판소리 등 한 대목의 노래를 하는 연주 형태이다.

1) 가야금 병창의 유래

조선 순조 때의 명창 신만엽(申萬葉), 김제철(金齊哲)이 처음 도입한 가야금 병창은 민요나 단가·판소리 일부 대목을 가창자 자신이 직접 가야금을 연주하면서 부르는 남도 음악의 연주 형태로, 판소리에서는 '석화제'라고도 한다.

2) 가야금 병창 대표곡

민요 : 「새타령」·「남원산성」

단가 : 「호남가」·「죽장망혜」·「녹음방초」·「공명가」

판소리 : 「춘향가」의 사랑가, 「흥보가」의 제비노정기, 「수궁가」의 고고천변, 「심청가」의 심봉사 황성 가는 대목, 「적벽가」의 자룡 활 쏘는 대목 등이 있다.

3) 가야금 병창 명인

김창조(金昌祖)·오수암(嗚守岩) 등 초기의 가야금 산조 명인들에 의해 다듬어지고, 심상건(沈相健)·강태홍(姜太弘)·오태석(吳太石)·정남희(丁南希) 등의 가야금 명인들에 의해 크게 발전하였다.

2. 가곡원류(歌曲源流)

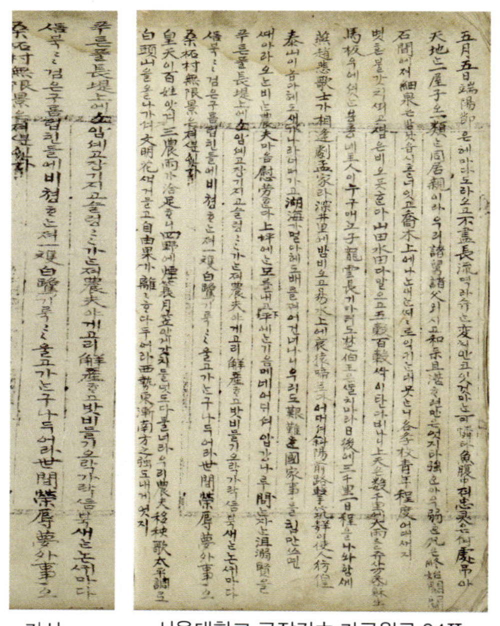

가사　　　　　　　서울대학교 규장각本 가곡원류 34쪽

○ 원문

　푸른 풀 長堤上에 소 압 셰고 장기 지고 슬렁〃〃 가는 져 農夫야. 개 고리 解産ㅎ고

　밧비들기 오락가락 씀북새는 논 쉬마다 씀북〃〃 검은 구 름 덥힌 들에 비 쳥ㅎ는 져 一雙白鷺 기룩〃〃 울고 가는구나두어라 世間榮辱夢 外事오 桑柘村無限景은 져 쏀인가

○ 가사

　푸른풀 長堤上에 소 앞셰고 장기 지고 슬렁 슬렁 가는 져 農夫야

개고리 解産ᄒᆞ고 밧비들기 오락가락 쓴북새는 논쒸마다 쓴북쓴북
검은 구름 덥힌 들에 비 청하는 져 一雙白鷺 기룩기룩 울고 가는구나
두어라 世間榮辱 夢外事오 桑柘村 無限景은 져 쑨인가

- 長堤上(장제상) ; 긴 제방 위
- 장기 ; 쟁기
- 쓴북새 ; 뜸부기, 鷄雞(등계). 〔고어〕듬부기, 〔방언〕방언 참조
- 논쒸 ; 논 귀퉁이
- 世間榮辱 夢外事(세간영욕 몽외사) 세상사 영욕은 꿈 밖의 일이요
- 桑柘村 無限景(상자촌 무한경) 뽕나무가 많은 마을의 끝없이 아름다운 경치

○ 우리말 풀이

푸른 풀 긴 둑 위에 소 앞세우고 쟁기 지고 슬렁슬렁 가는 저 농부야, 개구리 해산하고 비둘기 오락가락, 뜸북새는 논 귀퉁이마다 뜸북뜸북, 검은 구름 덮인 들에 비를 청하는 저 한쌍의 백구가 기룩기룩 울고 가는구나. 두어라 세상사 영욕의 세월은 꿈 밖의 일이요, 상자촌의 끝없이 아름다운 경치는 저것뿐인가 하노라.

상자촌은 고향을 뜻한다.

옛날 오묘(五畝)의 집 담 밑에 뽕나무와 가래나무를 심었는데 그의 자손이 조상들이 심은 이 나무를 보면 선조들이 생각나서 고향의 뜻으로 쓰였다고 한다.

○ 뜸부기 방언

- 전라북도 : 뜸베기·뚬부기·뚬벅새·뜸북새·뚬버기·뜸븨기·뜸뵈기·뜸벙이·뜸벅새

- 전라남도 : 떰버기·뚜부기·뜸버기·뚬베이·뚬뱅이·땀부기·떰부기·뚬븨기·뚬버이·뚬북새

- 충청남도 : 뜸벅·뜸부이기·뜸버기·뜨북새·떰비기·뜸벅새·뜸보기·뜸버이기

- 충청북도 : 뚬뵈기·뜸비기·뜸벅새

- 강원도 : 물닭·뭇닭·뜸보기·뜸빅이·뜸복새

- 경상북도 : 무달·뜸닭·뜸뿌기·뭇닭·무닥·뜸다리·둠비리·듬비이·뜸달·뜸벙새

- 경상남도 : 뚬븨기·퉁퉁이·퉁퉁새·뜸베이·뚬벙새·뚬비기·뜸빙이·틈비기·뜸비·떰비기·뚬비·뚬붕새·뚬빙이·뚬복새·뜸붕이·뜸비이·앙새

출처: 전국방언사전, 전라도방언사전, 영동북부지방방언사전

○ 언론

푸른 풀 장제상(長堤上)에 소 압 셰고 장기 지고 슬렁슬렁 가는 져 농부(農夫)야.

개고리 해산(解産)ᄒᆞ고 밧비들기 오락가락 뜸북새는 논 쉬마다 뜸북 뜸북 검은 구름 덥힌 들에 비 請ᄒᆞ는 져 일상(一雙) 백로(白鷺) 기룩기룩 울고 가는구나

두어라 세간영욕(世間榮辱) 몽외사(夢外事)오 상자촌(桑柘村) 무한

경(無限景)은 져 뿐인가

- 대한민보 1910. 6. 24 농가락사(農家樂事)

○ 한줄 평

현실에서 한 걸음 물러나 세간사를 잊고 인생에 대한 관조, 전원 속에서 유유자적한 삶을 읊고 있다. 세간영욕, 상자촌으로밖에 표현할 수 없었을까 싶다. 여타 현실 사회를 강렬하게 비판한 개화기의 사설 시조와는 또 다른 모습이다.

민보는 신보와는 달리 작품 활동이 비교적 자유스럽지 못했다. 담당층들이 천도교 세력, 민족주의 세력, 친일 분자 등 여러 이질 집단들이 혼재해 있기도 했지만 일제의 검열을 받아야 하는 처지였다. 비판의 강도가 신보에 비해 날카롭지 못한 것은 당연하다 할 것이다. 반면에 신보의 담당층들은 선진적 지식층, 개신 유학자들, 항일 애국지사들로 이루어져 개화기 시대의 세태 풍자의 강도는 민보보다는 신보에서 더욱 두드러졌다.

3. 청구영언(靑丘永言)

蔓橫淸類(만횡청류)

이바편메곡들아듬보기가거늘본다듬보기성내여土卵눈부릅뜨고째자반나롯거스리
고甘苔신사마신고다스마긴거리로가거늘보고오라가기는가더라마는蕈古흔얼굴에
성이업시가드락.

原文

五○一 大川 바다한가온대 中針細針쌔지거다 열나
믄沙工놈이 긋므된 사엇대를 긋긋치두러메여 一時에
소릐치고 귀쩌여내닷말이이셔이다 님아님아 온놈이
온말을ᄒᆞ여도 님이짐쟉ᄒᆞ소셔

五○二~ 五三○까지 생략.

五三一 이바 편메곡들아 듬보기가거늘 본다 듬보기
성내여 土卵눈 부릅드고 쌔자반 나롯거스리고 甘苔신
사마신고 다스마 긴거리로 가거늘 보고오롸 가기는
가더라마ᄂᆞ 蕈古흔 얼굴에 셩이업시 가드라

○ 현대어

이봐 편미역들아 뜸부기 가거늘 보았느냐

뜸부기 성내어 토란눈 부릅뜨고 깨자반 나롯거스리고 감태신 삼아신
고 다시마 긴거리로 가거늘 보고 오라

가기는 가더라마는 표고한 얼굴에 성냄없이 가더라

＊ 만횡청류(蔓橫淸類)

『진본청구영언』의 말미에 실려 있는 116수의 노랫말들을 포괄하는
명칭이다. 반지기(半只其), 농(弄), 혹은 엇롱이라고도 한다. ‘자유로운

주변을 살피는 뜸부기 암컷

내용의 가사를 치렁치렁 늘어지는 곡조로 부르는 노래들의 부류'로 까마득한 옛날에 생겨나 다양한 곡조로 불리다가 18세기 전반『청구영언』에까지 수록되었을 것으로 추측된다.

소재는 기층민중[10]의 삶에서 나온 것으로, 사대부 문학과는 구분되는 미학적 성격을 지니고 있다. 가객이나 가기(歌妓)들에 의해 주로 가창되었으며, 뒷날 대중 가요의 한 부분으로 수용되기도 하였다.

---

10) 기층민중 : 국가나 사회의 바탕을 이루는 피지배 계층. 즉, 일반 대중을 말한다.(국어사전)

服飾(복식)

1. 실록 기사

1) 태종 16년(1416) 3월 30일) 임술 두 번째 기사

○ **禮曹上朝官冠服之制**

啓曰: "謹稽洪武三年中書省據禮部呈, 欽奉聖旨, 賜與冠服咨內一款: 陪臣祭服, 比中朝臣下九等, 遞降二等, 王國七等。第一等秩, 比中朝第三等, 第二等秩, 比中朝第四等, 第三等秩, 比中朝第伍等, 第四等秩, 比中朝第六等, 第五等秩, 比中朝第七等, 第六等秩, 比中朝第八等, 第七等秩, 比中朝第九等。'《洪武禮制》, 第三等以下各品冠服等第及本國諸祭序例各品祭服等第, 參考詳定, 謹具啓聞。一品冠五梁, 革帶用金, 佩用玉, 綬用黃綠赤紫四色絲, 織成雲鶴花錦, 下結靑絲網。綬環二用金, 笏用象牙。赤羅衣白紗中單, 俱用靑飾領緣, 赤羅裳靑緣。赤羅蔽膝, 大帶用赤白二色綃, 白襪黑履角簪。二品冠四梁, 革帶用金, 佩用玉, 綬用黃綠赤紫四色絲, 織成雲鶴花錦, 下結靑絲網。綬環二用金, 笏用象牙, 衣中單裳蔽膝大帶襪履簪。自此至九品竝同一品。三品冠三梁, 革帶用銀, 佩用藥玉, 綬用黃綠赤紫四色絲, 織成盤鵰花錦, 下結靑絲網。綬環二用銀, 笏用象牙。四品冠二梁, 革帶用銀, 佩用藥玉, 綬用黃綠赤三色絲, 織成練鵲花錦, 下結靑絲網。綬環二用銀, 笏用象牙。五六品冠二梁, 革帶用銅, 佩用藥玉, 綬用黃綠赤三色絲, 織成練鵲花錦, 下結靑絲網。綬環二用銅, 笏用槐木。<u>七八九品冠一梁, 革帶用銅, 佩用藥玉, 綬用黃綠二色絲, 織成鸂鶒花錦, 下結靑絲網。綬環二用銅, 笏用槐木。</u>" 從之。

○ 禮曹上朝官冠服之制

七八九品冠一梁, 革帶用銅, 佩用藥玉, 綬用黃綠二色絲, 織成鸂鶒花錦, 下結靑絲網。綬環二用銅, 笏用槐木。" 從之。

○ 예조에서 조관(朝官)의 관복(冠服) 제도를 올렸다

7·8·9품(品)의 관(冠)은 1량(梁)으로 혁대는 동(銅)을 쓰고, 패(佩)는 약옥(藥玉)을 쓰고, 수(綬)는 황색·녹색 2색을 쓰고, 실로 짜서 계칙화금(鸂鶒花錦)을 이루고, 아래에는 청사망을 맺고, 수환(綬環)은 두 개의 동(銅)을 사용하고, 홀(笏)은 괴목(槐木)을 사용하게 하소서.

그대로 따랐다.

○ 문관 관복

품계	관(冠)	혁대 (革帶)	패(佩)	수(綬)	홀(笏)
1품	5량(梁)	금(金)	옥(玉)	운학화금(雲鶴花錦)	상아(象牙)
2품	4량(梁)	금(金)	옥(玉)	운학화금(雲鶴花錦)	상아(象牙)
3품	3량(梁)	은(銀)	약옥(藥玉)	반조화금(盤鵰花錦)	상아(象牙)
4품	2량(梁)	은(銀)	약옥(藥玉)	연작화금(練鵲花錦)	상아(象牙)
5~6품	2량(梁)	동(銅)	약옥(藥玉)	연작화금(練鵲花錦)	괴목(槐木)
7~9품	1량(梁)	동(銅)	약옥(藥玉)	계칙화금(鸂鶒花錦)	괴목(槐木)

世宗莊憲大王實錄卷第一百二十八(세종장헌대왕실록권제128)

2) 세종 8년(1426) 2월 26일자 여섯 번째 기사

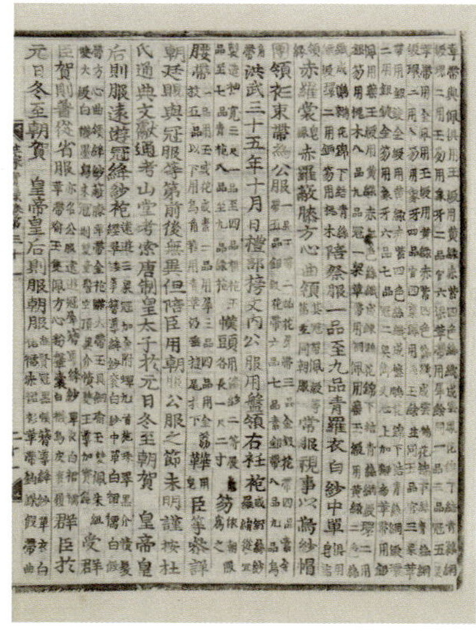

출처: 한국고전번역원 세종실록

革帶與佩, 俱用玉, 綬用黃′綠′赤′紫四色絲, 織成雲鳳花錦, 下結青絲網綬, 環二用玉, 笏用象牙。二品官六梁, 革帶用犀, 餘同一品。三品冠伍梁, 革帶用金, 佩用玉, 綬用黃′綠′赤′紫四色絲, 織成雲鶴花綿, 下結青絲網綬, 環二用金, 笏用象牙。四品官四梁, 佩用藥玉, 餘竝同。五品官三梁, 革帶用銀鍍金, 綬用黃綠赤紫四色絲, 織成盤鵰花錦, 下結青絲網綬, 環二用銀鍍金, 笏用象牙。六品七品冠二梁, 御史冠, 上加獬豸, 革帶用銀, 佩用藥玉, 綬用黃′綠′赤三色絲, 織成練鵲花錦, 下結青絲網綬, 環二用銀, 笏用槐木。八品九品冠一梁, 革帶用銅, 佩用藥玉, 綬用黃綠二色絲, 織成㶉鶒花錦, 下結青絲網綬, 環二用銅, 笏用槐木。】陪祭服, 一品至九品, 青羅衣, 白紗中單,【俱用皂飾領緣。】赤羅裳,【皂緣。】赤羅蔽膝, 方心曲領。【其冠帶′佩綬等 第, 竝同朝服。】常服視事, 以烏紗帽, 團領衫, 束帶爲公服。【一品玉帶, 二品花犀帶, 三品金鈒花帶, 四品素金帶, 五品銀鈒花帶, 六品七品素銀帶, 八品九品烏角帶。】洪武三十五年十月日禮部榜文內, 公服用盤領, 右衽袍,【或紵絲, 紗羅絹, 從宜製造。袖寬三尺。一品至四品緋袍, 五品至七品青袍, 八品至九品綠袍。】幞頭,【用漆紗二等展角,各長一尺二寸。】笏,【依朝服爲之。】腰帶,【一品用玉, 或花或素, 二品用犀, 三品四品用金荔枝, 五品以下用烏角, 革用青革, 仍垂撻尾於下。】韡,【用皂。】臣等參詳, 朝廷賜與冠服等第, 前後無異, 但陪臣用朝服′公服之節未明。謹按杜氏《通典》《文獻通考》《山堂考索》, 唐制, 皇太子於元日′冬至朝賀, 皇帝′皇后, 則服遠遊冠′絳紗袍,【遠遊三梁冠, 加金附蟬九。首施珠翠黑介幘, 髮纓翠(綏)〔綏〕犀簪導, 絳紗袞, 白紗中單, 白裙襦, 白(假)〔綏〕帶, 方心曲領, 絳紗蔽膝, 革帶, 金袍, 䩞大帶玉具劍瑜, 玉雙佩, 朱組雙大綬, 白襪, 墨舃。未冠

則雙童髻, 空頂黑介幘, 雙玉導加寶飾。】受群臣賀, 則着從省服。【亦名
公服。遠遊冠, 犀簪, 導絳紗單衣, 白裙襦, 革帶瑜玉隻佩, 方心粉鞶囊,
白襪, 烏皮裏履。】群臣於元日′冬至朝賀, 皇帝皇后, 則服朝服,【進賢冠
黑幘簪, 導絳紗單衣, 白裙襦, 赤裙衫, 革帶鉤䐈假帶, 曲……

○ 풀이

이상은 혁대와 패수에 모두 옥(玉)을 쓴다. 수(綬)는 노랑·녹색·붉
은색·자주색 등 네 가지의 실을 가지고 구름·봉황 무늬를 놓아서 짠
꽃비단으로 만들고, 아래에 청색 실로 망수(網綬)를 맺는다. 고리가 둘
인데 옥을 사용한다. 홀은 상아를 쓴다.

2품의 관은 여섯 줄을 사용하고 혁대에는 서각을 쓰며, 다른 것은 1품
과 같다. 3품의 관은 다섯 줄이며, 혁대에는 금을 쓴다. 패에는 옥을 쓰
며, 수는 노랑·녹색·붉은색·자주색 등 네 가지의 실을 가지고 구름·
학의 무늬를 놓은 꽃비단을 짜서 만들고, 아래는 청색 실로 망수를 맺
는다. 고리는 둘인데 금을 쓰며, 홀은 상아를 쓴다.

4품의 관은 네 줄이요, 패는 약옥(藥玉)을 쓰며, 다른 것은 모두 같다.
5품의 관은 세 줄이요, 혁대는 은에 도금(鍍金)을 사용하며, 수는 노랑·
녹색·붉은색·자주색 등 네 가지 실로 매[盤鵰]의 무늬를 수놓은 꽃비
단을 짜서 만들고, 아래는 청색 실로 망수를 맺는다. 고리는 둘인데 은
에 도금한 것을 쓴다. 홀은 상아를 쓴다.

6품과 7품의 관은 두 줄이요, 어사관(御史冠) 위에 해태를 얹는다. 혁
대는 은을 쓰며, 패는 약옥(藥玉)을 쓰며, 수는 노랑·녹색·붉은색 등
세 가지 실로 연작(練鵲) 무늬를 수놓은 꽃비단으로 만든다. 아래는 청

색 실로 망수를 만든다.

고리는 둘인데 은을 쓰며, 홀은 괴목(槐木)을 쓴다.【8·9품의 관은 한 줄이며, 혁대는 동을 쓰며, 패는 약옥을 쓰며, 수는 노랑·녹색의 두 가지 실로 뜸부기(鸂鶒)의 무늬를 수놓은 꽃비단으로 만든다. 아래는 청색 실로 망수를 만든다. 고리는 둘인데 동을 쓰며, 홀은 괴목을 쓴다.】배제복(陪祭服)은 1품에서 9품까지는 청색 나의(羅衣)와 백사중단(白紗中單)(모두 검은색으로 깃에 선을 두른다.)·적색 나상(羅裳)(검정 선)·적라(赤羅)로 만든 폐슬(蔽膝)·방심곡령(方心曲領)[그 관대(冠帶)와 패수 등의 등급은 모두 조복(朝服)과 같다.]·평상시의 의복으로 사무를 볼 때에는 오사모(烏紗帽)·단령삼(團領衫)에 띠를 한다.

이것은 공복(公服)이라 [1품은 옥대(玉帶), 2품은 화서대(花犀帶), 3품은 금은화대(金銀花帶), 4품은 소금대(素金帶), 5품은 은급화대(銀鈒花帶), 6품과 7품은 소은대(素銀帶), 8품과 9품은 오각대(烏角帶).] 하였고, 홍무 35년 10월 일 예부의 방문(榜文) 가운데에, '공복(公服)은 반령(盤領)·우임포(右衽袍)[혹 저사(紵絲)나 사라(紗羅)나 견(絹)을 적당히 사용하여 만든다. 소매 넓이는 3척이다. 1품에서 4품까지는 붉은 포[緋袍], 5품에서 7품까지는 청색 포, 8품에서 9품까지는 녹색 포]·복두(幞頭)[칠사(漆紗)로 2등 전각(展角)을 쓴다. 각기 길이는 1척 2촌이다.]·홀(笏)[조복(朝服)대로 만든다]·요대(腰帶)[1품은 옥을 사용하는데, 꽃을 조각하기도 하고 그대로 두기도 한다. 2품은 서각(犀角)을 쓰고, 3·4품은 금려지(金荔枝)를 쓰며, 5품 이하는 오각(烏角)을 쓴다. 신은 청색 가죽을 사용하여 그대로 아래에 달미(撻尾)를 늘어뜨린다]·신[舃](검은색을 쓴다)을 사용한다.' 하였습니다.

신 등이 중국에서 내려준 관복(冠服)의 등급을 상세히 참고하오면, 먼저의 것이나 뒤의 것이 다를 것이 없사오나, 다만 배신(陪臣)이 사용하는 조복(朝服)과 공복(公服)의 등급이 분명치 못합니다. 삼가《두씨통전(杜氏通典)》·《문헌통고(文獻通考)》·《산당고색(山堂考索)》을 조사하온즉, 당(唐)의 제도에는, '황태자가 원일(元日)과 동지에 황제와 황후에게 조하(朝賀)를 드릴 때에는 원유관과 강사포【원유관은 세 줄[三梁]로 된 관을 쓰는데, 금당(金璫)과 선(蟬)의 장식 9개를 붙인다.

머리에는 주취(珠翠)를 쓰고, 흑개(黑介)로 머리를 동이며, 영(纓)에는 취유(翠緌)를 달고, 서각(犀角)으로 만든 잠도(簪導)를 쓰며, 강사(絳紗)로 만든 곤(袞)·백사중단(白紗中單)·흰 군유(裙襦)·흰 가대(假帶)·방심곡령(方心曲領)·강사(絳紗)로 만든 폐슬(蔽膝)·혁대·금포(金袍)·철(纊)로 만든 대대(大帶)·옥으로 장식한 검(劍)·유옥(瑜玉)으로 만든 쌍패(雙佩)·주색(朱色)으로 짠 쌍대수(雙大綬)·흰 버선·검정 신[舃]을 사용하며, 아직 관을 쓰지 아니한 자는 쌍동계(雙童髻)·공정흑개적(空頂黑介幘)·쌍옥도(雙玉導)에 보식(寶飾)을 얹는다.】를 쓰고 여러 신하의 축하를 받으면 곧 종생복(從省服)[공복(公服)이라고도 한다]·원유관·서각으로 만든 잠도(簪導)·강사단의(絳紗單衣)·흰 군유(裙襦)·혁대·유옥(瑜玉)으로 만든 쌍패(雙佩)·방심분반낭(方心粉鞶囊)·흰 버선·오피이리(烏皮裏履)]을 착용하며, 여러 신하가 원일이나 동지에 황제와 황후에 하례를 올릴 적에는 곧 조복(朝服)[진현관(進賢冠)·검은색의 적(幘)·잠도(簪導)·강사단의(絳紗單衣)·흰 군유 (裙襦)·붉은 군삼(裙衫)·혁대는 고리를 철(纊)로 하며 가대(假帶), 곡……

八品九品冠一梁 革帶用銅 佩用藥玉 綬用黃綠二色絲

織成鸂鶒花錦 下結靑絲網綬 環二用銅 笏用槐木

"8·9품의 관은 한 줄이며, 혁대는 동을 쓰고, 패는 약옥을 쓰며, 수는
노랑·녹색의 두 가지 실로 계칙[鸂鶒;물닭, 일명 뜸부기]의 무늬를 수
놓아 꽃비단으로 만들고 아래는 청사망을 수놓아 만들고 고리 둘은 동
을 사용하고, 홀은 괴목을 사용하였다."

※ 참고문헌
① 훈몽자회 : 아동 교육 및 학습 서적
　　　　　鸂 ; 믓둙, 계, **本國又呼**(우리나라에서 흔히 부르는
　　　　　　　　말), 듬부기 계
　　　　　鶒 ; 믓둙, 틱(칙)
② 역어유해 : 중국어 교육 및 학습 서적
　　　　　鸂鶒 ; 키치(칠), 픗둙(팟닭), 일명 듬부기
③ 뜸부기를 물닭으로 표현하는 지방
- 뜸부기의 전국 방언 참조
- '강원도 영동 지역의 방언(최성종)' 215페이지 부록 4 '지역별
　어휘대비 일람표'

※ 뜸부기 무늬를 하급 관리의 관에 수놓도록 하였다는 기록이 전함.

2. 흉배(胸背)의 계칙(鸂鷘)

1) 계칙(鸂鷘) 흉배(胸背)

심연(1587~1646년)의 단령의 흉배 실물

단령의 계칙 흉배 문양을 복원한
것(경기도박물관)

2) 흉배 도입 및 착용

흉배는 단령의 앞뒤에 붙이는 사각형의 자수로 관료의 품계를 나누는
표식이었다. 조선에는 이전에도 도입이 시도되었으나 사치라는 이유로
실패하고 단종 때인 1454년, 당상관에 한해 도입된다.

흉배(胸背) 제도는 명나라에서 먼저 시행하여 왔는데 이를 참조하여
들여왔으며 상위국의 예에 따라 명나라 3·4·5품에 해당하는 공작·기
러기·백한의 흉배를 1·2·3품에 적용하여 착용하였다.

당시 조선의 관료가 명나라 황제가 하사한 흉배를 착용한 경우도 있
었다.

세조에 들어서서 관료의 품계를 흉배로 정착하고 착용하였는데 1871
년 고종 때에 당상관은 쌍학/쌍호, 당하관은 단학/단호로 변경하였다.

○ 문신 흉배

품계	단종 2년 도입 직후	조선 중기	1871~1911년
1품	孔雀(공작)	雲鶴(두루미)	雙鶴(쌍학)
2품	雲雁(기러기)	金鷄(금꿩)	雙鶴(쌍학)
3품	白鷴(은꿩)	孔雀(공작)	雙鶴(쌍학)
4품		雲雁(기러기)	單鶴(단학)
5품		白鷴(은꿩)	單鶴(단학)
6품		鷺鷥(백로)	單鶴(단학)
7품		鸂鷘(뜸부기, 비오리, 원앙)?	單鶴(단학)
8품		黃鸝(꾀꼬리)	單鶴(단학)
9품		鵪鶉(메추라기)	單鶴(단학)

3) 수(綬)의 계칙

○ 계칙화금(鸂鷘花錦 ; 뜸부기 무늬의 꽃비단)

수(綬)는 황색(黃色)·녹색(綠色)의 두 가지 빛깔의 실로 계칙화금(鸂鷘花錦)을 짜서 만든다. 수(綬)의 아래는 청사(靑絲)로 그물 망(網)을 맺어 짠다. 수(綬)의 고리[環]는 2개이며, 은으로 만든다.

겉감은 구름 무늬 비단이며 가슴과 등에는 금실로 문양을 수놓은 계칙흉배(鸂鷘胸背)가 있다.

3. 계칙화금(鸂鷘花錦 ; 뜸부기 무늬의 꽃비단)

1) 후수(後綬)

출처 : 국립민속박물관

2) 주요 내용

용도	조선 초기 세종 때 1품부터 9품까지 문무관이 종묘 제례를 비롯한 행사 때마다 양관(梁冠)을 쓰고 제복(祭服)을 입었다.
재료	각잠(角簪), 뿔〔角〕, 금(金), 청사(靑絲), 옥(玉), 약옥(藥玉), 상아(象牙), 은(銀), 구리〔銅〕, 괴목(槐木)
재료 및 제작	第一品冠五梁角簪〔至一梁同〕革帶用金佩玉綬用黃綠赤紫四色絲織成雲鶴花錦下結靑絲網綬環二用金笏用象牙二品冠四梁餘同一品三品冠三梁革帶用銀佩用藥玉綬用黃綠赤紫四色絲織成盤鵰花錦下結靑絲網綬環二用銀笏用象牙四品官二梁革帶用銀佩用藥玉綬用黃綠赤三色絲織成練鵲花錦下結靑絲網綬環二用銀笏用象牙五品六品革帶用銅綬環二用銅笏用槐木餘同四品 七品八品九品冠一梁綬用黃綠二色絲織成鸂鶒花錦下結靑絲網餘同五六品 제1품(品)의 관(冠)은 5량(梁)에 각잠(角簪)을 사용하고(각잠은 1량에 이르기까지 같다), 혁대(革帶)는 금(金)을 사용하고, 패(佩)는 옥이요, 수(綬)는 황색(黃色)·녹색(綠色)·적색(赤色)·자색(紫色)의 네 가지 빛깔의 실로 운학화금(雲鶴花錦)을 짜서 만들고, 아래에는 청사망(靑絲網)으로 맺으며, 수(綬)의 고리〔環〕는 2개인데 금을 사용하고, 홀(笏)은 상아(象牙)를 사용한다. 2품의 관은 4량이요, 나머지 것은 1품과 같다. 3품의 관은 3량이요, 혁대는 은(銀)을 사용하고, 패는 약옥(藥玉)을 사용하고, 수는 황색·녹색·적색·자색의 네 가지 빛깔의 실을 사용하여 반조화금(盤鵰花錦)을 짜서 만들고, 아래에는 청사망(靑絲網)으로 맺으며, 수의 고리는 2개인데, 은을 사용하고, 홀은 상아를 사용한다. 4품의 관은 2량이요, 혁대는 은을 사용하고, 패는 약옥(藥玉)을 사용하고, 수는 황색·녹색·적색의 세 가지 빛깔의 실을 사용하여 연작화금(練鵲花錦)을 짜서 만들고, 아래에는 청사망으로 맺으며, 수의 고리는 2개인데 은을 사용하고 홀은 상아를 사용한다. 5·6품은 혁대는 동(銅)을 사용하고, 수의 고리는 2개인데 동을 사용하고, 홀은 괴목(槐木)을 사용하며, 나머지의 것은 4품과 같다. 7·8·9품의 관은 1량이요, 수는 황색·녹색의 두 가지 빛깔의 실을 사용하여 계칙화금(鸂鶒花錦)을 짜서 만들고, 아래에는 청사망을 맺는다. 나머지의 것은 5·6품과 같다.

3) 수(綬)

출처: 국립민속박물관

○ 용도

조선 후기 정조 임금 때에 사도세자의 사당인 경모궁에서 행사를 진행할 때 착용했다. 수(綬)는 문무관이 입는 웃옷 뒤쪽에 건다. 상하의 계급을 구분하고 장식하는 데 사용한다.

○ 재료

실·비단·은·동

○ 도구 및 제작 과정

① 2·3품(品) 이상은 황색, 녹색, 적색, 자색의 4가지 색으로 만든다.

실로 짠 문양은 반조(盤鵰) 무늬이다.

② 4품에서 6품까지는 황색, 녹색, 적색의 3가지 색으로 만든다. 실로 짠 문양은 연작(練鵲) 무늬이다.

③ 7품 이하는 황색, 녹색 2가지 색으로 만든다. 실로 짠 문양은 계칙(鸂鷘) 무늬 모양이다.

④ 비단 아래에는 밑에 푸른 실로 그물[網]을 단다.

⑤ 2품은 쌍으로 된 금환을 달고 3품에서 4품까지는 은환을 달며 5품 이하는 동환을 단다.

○ 원문

綬二品以上以黃綠赤紫四色[三品同四品至六品黃綠赤三色七品以下黃綠二色]絲織成雲鶴[三品盤雕四品至六品練鵲七品以下鸂鷘]花錦下結靑絲網施以雙金環[三品至四品用銀環五品以下用銅環

○ 풀이

수(綬)는 2품 이상은 황색·녹색·적색·자색의 4색 실로(3품은 같고, 4품에서 6품까지는 황색·녹색·적색 3색이고, 7품 이하는 황색·녹색의 2색) 짜서 운학(雲鶴) 무늬[3품은 반조(盤鵰) 무늬, 4품에서 6품까지는 연작(練鵲) 무늬, 7품 이하는 계칙(鸂鷘) 무늬]의 화금(花錦)을 이루고, 아래에는 청사망(靑絲網)을 연결한 다음 한 쌍의 금고리를 단다(3품에서 4품까지는 은고리를 달고 5품 이하는 동고리를 단다).

문화(文化)

1. 뜸부기의 문화적 정의

명칭	○ 한글 : 뜸부기(천연 기념물 제446호)
	○ 한자 : 鶙雞(등계), 鸂鶒(계칙)이라고 함
	○ 영어 : 워터콕(Watercock)
어원	○ "뜸북 뜸북" 우는 소리를 본뜬 이름
자료	○ 물닭, 듬부기(훈몽자회 믓둙, 듬부기 1527) 듬부기(역어유해, 1690), 듬북이(광재물보, 19세기), 뜸북이(신자전, 1905) 등으로 나타남.
역사	○ 뜸부기 무늬를 하급 관리의 관에 수놓도록 하였다는 기록이 전함 - 조선왕조실록(세종 31권, 8년(1426) 2월 26일 6번째 기사) : "8품, 9품의 관은 한 줄이며, 혁대는 동을 쓰고, 패는 약옥을 쓰며, 수는 노랑·녹색의 두 가지 실로 뜸부기〔鸂鶒〕의 무늬를 수놓은 꽃비단으로 만든다."
민속	○ 뜸부기 고기를 약으로 쓰기도 함. 한때 농촌에서 흔했던 새로 여겨짐
속담	○ 하지 전 뜸부기, 하지 지낸 뜸부기

뜸부기 점(占)	○ 부산에서는 뜸부기로 풍년을 점치는 풍습 - 음력 6월 15일 유둣날에 뜸부기가 떡을 먹는 행동을 보고 그 해 농사의 풍흉을 알아보는 점복 풍속. - 부산 강서구 생곡동의 '뜸부기 점' 　유둣날 아침이면 "유지 지낸다."라고 하여 밀전병을 만들어 논가에 가서 사방에 던져 놓는다. 이때 뜸부기가 날아와 그 떡을 먹되, 많이 먹으면 풍년이 들고, 적게 먹으면 흉년이 든다고 한다.
문화	○ 현대 문학에서는 전형적인 농촌과 고향의 정서를 표상함. - 뜸북뜸북 뜸북새 논에서 울고 / 뻐꾹뻐꾹 뻐꾹새 숲에서 울제 　우리 오빠 말 타고 서울 가시면 / 비단구두 사가지고 오신다더니 　(동요, 오빠 생각, 최순애 작사, 박태준 작곡, 1925년) ○ 일상 생활 속에서도 늘 향수를 동반하여 현대 문학의 근간이 됨. - 사람들 앞에서/도시의 뭇사람들 앞에서 / 뜸북새는 울지도 않았다. / 고향 논에서/점심나절과 저녁 무렵을 / 뜸북 뜸북 울어 / 때를 알려주던 뜸북새가…… 　뜸북새는 울지도 않았다…(시, 김건일, 뜸북새는 울지도 않았다, 1989년)
언론	○ 세계일보 2004년 11월 12일자 32면 〔이종렬의 새 이야기〕 뜸부기 - 6월이면 어김없이 천수만 비포장 농로를 먼지를 일으키며 달렸다. 번식기가 되면 수컷은 머리에 닭볏처럼 붉은 액판이 솟고 온몸은 검푸른 색으로 바뀌는데, 멀리서 조심스레 걷는 모습을 보면 마치 검은 닭 한 마리가 먹이를 찾아나선 듯하다. - 한자로 수계(水鷄) 또는 앙계(秧鷄)라고 일컬었던 것을 보면 뜸부기과의 새들이 논이나 물을 떠나서 살지 못한다는 것을 옛사람들도 잘 알고 있었던 듯하다…… 뜸부기는 번식기에만 노래하고, 짝을 찾고 나면 은밀하게 풀숲 사이로 숨어 다니는 습성을 지니고 있다……

2. 뜸부기 점

○ 정의

부산 지역에서, 유둣날에 뜸부기를 보고 점을 치는 풍습을 말한다.

○ 개설

뜸부기 점은 음력 6월 15일에 뜸부기가 떡을 먹는 행동을 보고 그 해 농사의 풍흉을 알아보는 점복 풍속이다. 유두(流頭)는 동쪽으로 흐르는 물에 머리를 감고, 음식을 차려 먹으며 놀이를 하는 날이다. 여타 명절과 유사하게 유두에도 농사의 풍흉을 점치는 풍속이 있는데, 부산 지역에서는 강서구 생곡동의 '뜸부기 점'이 대표적이다.

○ 연원 및 변천

뜸부기 점이 언제부터 시작되었는지 정확하게 알 수는 없으나, 유두는 고려 때 학자였던 김극기(金克己)의 『거사집』에, '동도(東都) 풍속에 6월 15일은 동류수에 머리를 감아 액을 떨쳐 버리고, 술을 마시고 놀면서 유두 잔치 했다'고 기록되어 있는 것으로 보아 신라 때부터 지내온 명절인 것 같다.

『고려사(高麗史)』에는 "1185년(명종 15) 6월 계축일(癸丑日)에 왕이 봉은사에 행차하였다. 병인일에 시어사(侍御史) 두 사람이 환관 최동수(崔東秀)와 함께 광진사에 모여서 유두음(流頭飮)을 하였다."고 씌었다.

○ 절차

부산광역시 강서구 생곡동에서는 유둣날 아침이면 "유지 지낸다."라고 하여 밀전병을 만들어 논가에 가서 사방에 던져 놓는다. 이때 뜸부기가 날아와 그 떡을 먹되, 많이 먹으면 풍년이 들고, 적게 먹으면 흉년이 든다고 한다.

○ 민속적 생활

유둣날 가정에서는 유두천신(流頭薦新)이라 하여 참외나 수박 등의 햇과일과 밀로 만든 국수, 또는 밀전병을 조상에게 올리는 유두 제사를 지낸다. 논과 밭에서는 풍농을 기원하기 위해 농신제(農神祭)를 지냈다. 특히 '뜸부기 점'에도 사용되는 밀전병이나 밀국수 등으로 여름의 절식으로 즐겼는데, 『동국세시기』에는 유두 절식으로 수단(水團)과 건단(乾團)·연병(連餠)·상화병(霜花餠)·수교위(水角兒) 등이 있다고 하였다.

부산 지역의 '뜸부기 점'과 비슷한 풍속으로 경상북도 안동에서는 유둣날 아침에 국수를 수박 밭고랑에 뿌리는데, 이는 수박 줄기가 국수처럼 쭉쭉 뻗어나가라는 기원의 의미로 보았다.

출처: 『고려사(高麗史)』
『동국세시기(東國歲時記)』
김승찬, 『부산 지방의 세시 풍속』 (세종출판사, 1999)
부산광역시 동래구지(제1편~4편) 제2장 민속 p789

3. 뜸부기 속담

'하지 전 뜸부기'

'하지 전 뜸부기'는 짝짓기 이전의 한창 힘이 왕성한 청년기를 이르는 말이다.

○ 풀이

뜸부기는 하지 전에 잡아야 약효가 높다는 데서 유래된 말로, 힘이 가장 왕성한 한창때의 사람을 비유하여 이르는 말이다.

머나먼 여행을 끝내고 막 이앙된 논에서 여린 풀잎과 어린 수서 동물과 곤충으로 맘껏 배를 불리며 건강한 몸으로 좋은 짝을 찾기 위해 한껏 멋을 부리는 시기이기 때문이다.

그래서 하지 전에 잡은 뜸부기가 보양식으로 가장 좋다고 생각하였다.

이때 농부들은 못자리부터 모내기까지, 보리 타작과 앗시논매기까지 쉴새없이 일을 하여 체력이 모두 고갈된 상태였기 때문에 뜸부기 고기 한 점은 최고의 건강식이었다.

'하지 지낸 뜸부기'

'하지 지낸 뜸부기' 힘이 왕성한 한창때가 지나 버린 사람을 빗대어 이르는 말이다.

○ 풀이

뜸북이가 하지 후에는 암컷은 알을 낳아 품고 둥지 주변 경계로 마음껏 먹이 활동을 못하기 때문에 여윈 상태로, 왕성하던 한창때가 지나친 시기를 이르는 말이다.

하지 이후는 육추에 전념하기 때문에 가을까지 몸을 돌볼 겨를이 없다. 수컷도 어미의 육추 주변을 경계하며 마음껏 먹이 활동을 할 수 없다. 이런 연유로 하지를 지낸 뜸부기는 보양식으로 적합하지 않다는 말이었다.

'조선의 뜸부기는 다 네 뜸부기냐'

자기가 잡은 뜸부기를 부엌 문지방에 묶어두었는데 없어진 것이다. 그런데, 이웃집에서도 한 마리 잡아 와 부엌 문지방에 묶어 두었다. 찾다가 언뜻 눈에 띄는 것이 이웃집 문지방에 매어놓은 뜸부기다.

'비슷하다고 해서 모두 네 것이냐'는 것과 '제 것과 비슷하다고 해서 덮어놓고 다 제 것인 것처럼 우기는 사람을 비꼬는 말'이다.

'세상에 뜸부기가 한 마리뿐인가'

어떤 물건을 '너만 가지고 있느냐'며 비꼬는 말이다.

어떤 사람이 올가미를 놓아 뜸부기를 잡아왔다. 그리고 온통 자기만 뜸부기를 잡을 줄 아는 것처럼 온 동네에 자랑을 늘어놓았다.

물건을 제 혼자만 가지고 있는 듯이 뽐내는 것을 비꼬거나, 이번에는 놓쳤으나 앞으로 또 기회가 있음을 빗대어 이르는 말로 쓰인다.

4. 뜸부기의 전국 방언

지방	방언
전남	땀부기(전남), 떰버기(전남), 떰부기(경상, 전남), 뚜부기(전남), 뚬배기(전남), 뚬버이(전남), 뚬벅새(전남), 뚬베기(경기,전남), 뚬베이(전남), 뚬부기(경남, 전라), 뜸배기(경상, 전라), 뜸버기(경남, 전남), 뜸베기(경남, 전남), 뜸북새(경북, 충청, 경남, 전남), 뜸뿌기(전남) 땀부기(전남)
강원	뜸보기(강원) 무닭(강원, 경북), 물꽁(강원) 물닭(경북, 강원)

경기	뚬베기(경기, 경남, 전남),
충청	듬부기(충청), 뜸북새(충청, 경북, 경남, 전남)
경북	떰딸(경북), 떰뿌기(경북), 뜸닭(경북), 무로리(경북), 둠비리(경북), 뜸벅새(경북), 뜸비기(경북), 뜸북새(경북,충청,경남,전남), 뜸따리(경북), 떰띠기(경북), 무닭(경북, 강원), 뭇닭(경북), 물닭(경북, 강원)
경남	떰북새(경남), 떰비기(경남), 뚬벙새(경남), 뚬복새(경남), 뚬비기(경남), 뜸베이(경남), 뜸비기(경남), 뜸비이(경남), 뜸빙이(경남), 앙새(경남), 틈비기(경남), 풀꿕새(경남), 뜸버기(경남, 전남) 뜸베기(경남, 전남) 뜸북새(경남, 전남, 경북, 충청).

(우리말 방언사전 P163, 경북 북부지역 방언사전, 전라도 방언사전 P122)

○ 강원도 영동 지역 방언[11]

지역 어휘	고성	양양	강릉	삼척	평창	정선	영월
	농촌	농촌	농촌	농촌	농촌	농촌	농촌
뜸부기	듬북새 물닭 물새 뜸부기	물딱	뜸북새 물닭	꼴빼미 물꽁 뜸부기	물오리 무닥 뜸부기	뜸북새 뜸부기	무닥 뜸부기

※ 참고 문헌

- 낱말어휘정보처리연구소(2010), 우리말 방언사전 낱말

- 주갑동(2005), 전라도 방언사전, 수필과비평사

- 서보월(2019) 경북 북부지역 방언사전, 한국문화사

---

11) 박성종(2008)의 강원도 영동지역의 방언, 제이엔씨

5. 뜸부기 사냥

○ 복달임 기준

조상들은 뜸부기 사냥을 하지를 기준으로 하였는데 하지 전까지는 모내기가 거의 끝나기 때문에 복달임은 하지를 기준으로 성행하였다.

1) 올무 사냥

뜸부기는 발가락이 길어서 60년대에는 올가미로 많이 잡았다. 6월 초순부터 뜸부기 둥지를 집중적으로 찾았다. 알을 1~2개쯤 낳았을 때 둥지 주변에 올가미를 설치했다.

누런 비료 포대를 재봉질한 질긴 실을 풀어서 두 가닥을 한 가닥으로 꼬아서 튼튼하게 만든 다음 한 뼘 크기로 올무를 30cm 정도 되는 막대에 묶어 여러 개 만든다.

논흙 속에 하루이틀 정도 묻어 두면 실에 논의 흙물이 베어들어 하얀 실이 논흙 색깔과 비슷해지면 뜸부기 둥지 주변에 잘 다니는 길이 생긴 곳을 찾아 여기에 올무를 둥글게 하여 풀이나 벼줄기로 숨겨 놓는다.

하루에 한 번씩 둥지를 슬쩍 찾아보면 긴 발가락이 올가미에 걸려 푸덕거리면 손쉽게 암컷을 잡을 수 있는데, 잡은 암컷을 논둑에 묶어두고 주변에 올가미를 설치해 두면 여러 마리의 수컷이 걸려들었다.

2) 총 사냥

70년도에는 공기총과 엽총이 많이 나돌아 밀렵이 대단히 성행하였는데 산에는 고라니·노루·담비 등의 동물과 딱따구리·꿩 등을 잡아먹고 박재를 하였으며, 들에서도 역시 뜸부기·꿩·도요새·황새 등이 박재 대상이 되거나 별식이 되어 사라졌다.

이때도 역시 농촌에 흔한 뜸부기들이 전적인 사냥감으로 선택되었는데 이때는 말도 되지 않는 뜸부기의 빨간 볏이 남성들의 정력에 좋다는 헛소문이 나면서부터였다.

파란 무논에서 특이한 울음 소리를 듣고 주변에서 기다리면 벼포기 위로 빨간 볏이 보였다. 그 볏을 겨냥하여 공기총에 꿩탄을 넣고 쏘면 거의 백발백중으로 뜸부기는 잡혔다고 한다.

어떤 포수는 뜸부기의 볏만 잘라서 새끼줄에 꿰어 허리춤에 주렁주렁 차고 다녔을 정도라고 했다.

6. 뜸부기 사육

1) 정의

○ 사육 원인

뜸부기 고기가 강정에 좋다, 간질병에 좋다는 등 만병통치약으로 소문이 났다.

○ 사육장

야생 뜸부기는 체질이 강인하여 잔병이 없고 겁이 많다. 쉽게 몸을 숨길 수 있도록 두 뼘 정도 간격으로 작은 막대기로 말목을 세우고 볏짚단을 꽂아 은신처를 만들어 주면 나와서 먹고 숨기 때문에 사육이 안정적이다.

10평 정도의 사육장에 뜸부기가 날아가지 못하도록 철망을 치고 그 안에 비를 피할 수 있는 공간을 마련하고 볏짚을 깔아서 쉴 수 있게 하면 그만이다.

공간 앞은 1~2평 크기의 웅덩이를 만들고 10~15cm(발목 높이의 얕은 물) 정도 깊이를 만들어 주면 적합하다.

○ 사육 방법

하나의 사육장에 수컷 5마리, 암컷 50~60마리를 함께 넣어 사육하면 되는데, 식성은 잡식성이므로 보드라운 등겨에 절반만 빻은 보리·밀·벼·작은 개구리·미꾸라지·무청·배추 등을 일주일에 두 번 정도만 주면 되었다.

○ 대리모

매년 5~8월 사이에 암컷 한 마리가 7~12개의 알을 낳아 자연 부화하여 번식한다. 또한 암컷이 매매가 되고 알만 남은 경우도 있는데 오리나 암탉이 알을 품을 때 뜸부기 알과 바꿔치기하여 부화를 시킨다.

오리에게 부화시켰을 때는 오리와 함께 어울려 잘 자란다. 그러나 닭에게 부화된 새끼는 잘 따라 다니기는 하지만 가끔 물과 습지 같은 곳에 불쑥 들어가 헤엄치며 놀기 때문에 암탉이 습지의 물가에 왔다갔다 하면서 애태우는 모습을 자주 볼 수 있다.

○ 전망

뜸부기가 환자의 체력 회복과 질병 치료에 상당한 효과가 있다고 소문이 나면서 체질이 허약한 사람이나 환자들, 또는 일부 미식가들이 뜸부기 고기를 즐겨 찾아서 그 수요가 날이 갈수록 늘어가고 있어 당시의 전망은 매우 밝았다.

○ 사육 실패

뜸부기의 숫자가 많아지자 사육장을 만들었지만 야생성이 강하여 장독 뚜껑에다 미꾸라지 · 우렁이 등을 담아 주어도 전혀 먹지 않고 사육장을 탈출하려고만 하여 결국은 다 폐사하였다.

2) 사육 농가

뜸부기 사육으로 잘 알려진 곳은 '경북 달성군 옥포면 우경리의 서상 이씨라고 한다.

1978년에 고향인 옥포에서 칠면조를 사육하다가 실패한 후 이듬해 강원도 여행중에 우연히 평생 동안 뜸부기만 길러온 칠순 노인을 만나, 뜸부기 어미 16마리와 새끼 63마리를 분양받아 400평의 땅에 12동의 뜸부기 사육장을 설치하여 3,500마리로 대규모 사육을 하였다고 한다.

또한 경북 상주군 낙동면 비룡리에 살던 조동준씨도 산간 계곡에서 공작 · 원앙 · 뜸부기 등을 많이 사육했다고 한다.

3) 언론의 사육 기사

○ 중앙일보(1990년 3월 17일자) 정치 사회면

'잡식성인 야생 뜸부기를 길러 부농을 일궜다'는 기사에 월간 사료비, 사육장 규모, 매매 및 연간 소득 등이 상세하게 기술된 보도가 있었다.

○ 연합뉴스(1993년 09월 22일자)

정상원(鄭相元) 국립종축원장은 기자 간담회에서 국립종축원의 경영혁신 계획으로, 멧돼지 · 청둥오리 · 원앙 · 뜸부기 등이 일부 양축 농

가에서 사육되고 있는 점을 감안하여 유전 자원으로서의 활용 가능성
을 검토키로 했다고 하였다.

4) 뜸부기 농장

뜸부기가 정력에 좋다는 소문이 나돌아 한때는 뜸부기가 없어서 못
팔 지경까지 이르렀는데 이때 뜸부기 농장이 성행하였다.

이때는 뜸부기 씨를 말릴 만큼 포획이 성행하여 당시 마리당 30만원
도 홋가하였다고 한 이도 있었고, 쇠물닭과 물닭을 뜸부기라고 속여서
판매한 이도 적지 않았다고 한다.

야생 조류를 가금화한다는 것은 종에 따라 다르지만 뜸부기는 쉽지
않은 종이다.

첫번째는, 당시 뜸부기 둥지를 발견하고 알을 가지고 와서 인공 부화
장에서 부화된 뜸부기 새끼는 어떤 먹이를 주어도 먹지 않아 여러 번
실패했다고 한다.

두번째는, 닭이 알을 품을 때 뜸부기 알을 부화시켰다.

이때는 어미닭이 먹이 교육을 하여 성장하면서부터 겁이 많고 원래
의 습지의 야생성이 나타나 닭장에서 탈출만 시도하여 적절치 않았고
폐사된 경우가 많았다.

거듭 실패함에 따라 큰 그물을 치고 그 안에 작은 습지를 조성하고
볏단으로 숨을 곳을 만들어 보완하여 준 후에야 겨우 몇 마리를 성공
하였다고 한다.

5) 들새 기르기(養野禽 ;양야금)

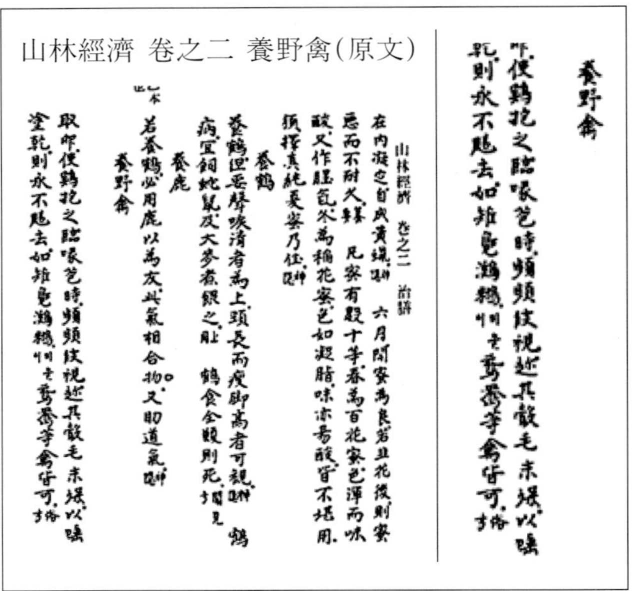

山林經濟 卷之二 養野禽(原文)

養野禽

取卵。使鷄抱之。臨喙苞時。頻頻候視。趁其鷇毛未燥。以唾塗乾。則永不颺去。如雉鴪鸂鶒。비을이 鴛鴦等禽皆可。俗方

들새 기르기

알을 취하여 닭으로 하여금 품게 하고, 알에서 깨어나올 때까지 자주 보면서 기다리면 부화한 병아리의 털이 마르기 전에 침을 묻혀서 말리면, 즉 영원히 날아가지 않는다. 꿩·오리·뜸부기·비오리·원앙 등 날짐승들은 다 가능하다〔속방 : 민간에서 잘 이용하는 방법〕.

山林經濟(산림경제)

장터

1. 뜸부기 매매

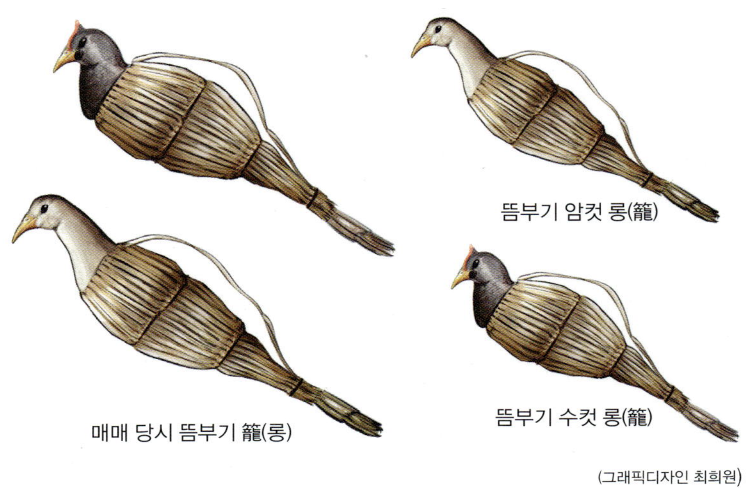

1) 매매 장소

- 시골 : 장날(5일장)
- 도시 : 서울의 경동시장, 대구의 약전 골목, 기타(유동 인구가 많은 곳, 서울역 근처)

2) 뜸북새 장수

- 해마다 5~6월부터 농촌에 뜸부기를 사려는 사람이 생겨났다.
- 이 마을 저 마을로 "뜸부기 삽니다" 하고 다녔다.
- 마을에서 잘 잡는 사람에게 미리 선불금을 주고 부탁하기도 했다.

3) 거래 장면

1968년도부터 상당히 활발하게 거래가 되었다. 사람들이 빈번한 경동시장이나 서울역 근처에서도 자주 거래가 되었고, 대구의 약전시장과 시골의 5일장에는 닭을 파는 시전 옆에서 뜸부기가 거래되었다.

허름한 시골 농부의 거친 손에 뜸부기의 롱이 들려져 대구의 약전시장 한편에 앉아 이제나저제나 팔려가길 기다리고 있는 뜸부기를 어렵지 않게 구경할 수 있었다.

종아리 위부터 온몸은 보릿짚으로 엮어진 롱으로 감싸게끔 묶여 목 부위부터 머리만 내놓은 채 가만히 눈만 껌벅이고 있다.

또 어떤 이는 싸리나무 껍질로 새끼를 꼬아서 두 발만 묶어 망태기에 넣어서 시장까지 왔다. 댓님을 맨 바지는 오래 전에 논에서 일을 한 듯 흙탕물이 묻어 마른 듯 얼룩이 보인다.

짧은 곰방대를 허리춤에서 빼내더니 저고리 주머니에서 담배 쌈지를 꺼냈다. 곰방대에 담배를 꾹꾹 눌러 담고 성냥을 열어 성냥개피를 성냥갑 옆면을 치듯이 팍 그어 불을 일으켜 붙인다. 새까만 주름 깊은 얼굴에는 기다림이 시작되고 곰방대를 문 입에서 하얀 연기가 피어오른다.

늦은 오후쯤 꽃무늬 양산을 쓴 아주머니가 다가섰다.

얼마냐고 물으니 10만 원이란다. 아주머니는 '지난 주에도 8만 원에 팔았다'며 흥정을 하자, '이번에 잡힌 놈은 지난번 그놈보다 훨씬 실하고 볏도 붉다'며 자랑 아닌 자랑을 하며, '뜸부기가 잡아오기가 바쁘게 팔려 나간다'며 다른 데 가서 알아보란다.

결국 아주머니와 흥정 끝에 9만 원에 거래가 성립되어, 지폐를 헤아려 쥐어 주고는 뜸부기를 안고 종종걸음으로 사라졌다.

서울·부산·대구 등 대도시 주민들에게 당시 마리당 8~9만 원씩에 팔려나갔고, 허약체질과 간질병에 효과가 아주 좋다며 소문에 소문이 나돌면서 뜸부기를 찾는 사람이 더욱 늘었다.

뜸부기의 수량이 부족하자 약삭빠른 이들이 뜸부기를 사려고 시골로 돌아다녔고 나중에는 알이건 새끼이건 가리지 않았다.

그래도 물량이 부족하자 1976년에는 마리당 가격이 20만원에도 구하기 어려웠고 급기야 1977년에는 30만원을 훗가하는 경우도 있었다.

돈이 된다고 생각한 뜸부기 장수들은 한 마리라도 더 구하려 하였고, 결국은 물닭과 쇠물닭이 뜸부기로 오인되어 사육과 매매가 되기도 하였다.

4) 농촌 모습

1960년부터 1990년까지 뜸부기는 보양식이나 약용으로 상당히 활발하게 거래된 듯하다. 대구시 달서구 옥포면 교항리에 사는 서상욱씨는 초등학교 5학년 시절 저녁 무렵 아버지가 논에 가시더니 뜸부기 한 마리를 잡아오셔서 싸리나무 속껍질로 만든 끈과 6월 초에 타작한 보릿

뜸부기 암컷

뜸부기 수컷

짚으로 엮어서 뜸부기 도롱을 만들어 넣어 묶고 손잡이까지 만들었다.

내일은 대구 약령시장에 가서 팔아 운동화 사주신다고 하여 너무 좋아서 잠도 못잘 만큼 마음이 들뜬 적도 있었다고 회상하며 말했다.

그때 아버지께, '내일은 일요일이라 시장에 같이 가고 싶다'고 하니 기꺼이 응하셔서 월배에서 대구 가는 국신여객 버스를 타고 서부주차장에서 내려 약령시장까지 버스를 두 번이나 갈아타고 도착했다.

아버진 시장 입구 한 모퉁이에 뜸부기를 내려놓고 이제나저제나 팔려가길 기다리셨다. 잠시 후에 아버지 옆에 까만 얼굴에 잔주름이 가득한 아저씨가 뜸부기 한 마리를 안고 와서 자리잡았다.

도롱 속에 갇힌 뜸부기는 눈만 끔벅이다 눈을 감으며 졸고 있었다. 잠시 후 꽃이 수놓인 분홍 양산을 쓰고 빨간 하이힐을 신은 멋쟁이 숙녀가 멈추어 서서, 얼마냐고 묻는 것 같더니 아버지와 한참 동안 이야기하다가 그 숙녀와 거래가 되었는지 아버지는 나 보고 좀 들어다 주라고 하셨다.

숙녀는 괜찮다고 했지만 나는 아버지 말씀대로 뜸부기를 들고 시장 어느 가게에 가져다 주고 "누가" 사탕을 한주먹 얻어서 골덴 바지 주머니에 양쪽으로 나누어 넣고 나왔다고 했다.

돌아와 보니 아버진 고무신 가게에서 물신[12] 한 켤레와 할아버지 신발인 하얀 고무신과 내 신발인 검정 고무신을 사셨다. 그리고 나에게, "7만원은 받을 수 있었는데 하도 깎아 달라고 사정하는 바람에 6만원 받았다"고 하셨다. 상욱씨는 그 사탕맛이 너무 좋아 아버지가 뜸부기 잡는 날만 기다렸다고 한다.

---

12) 물신 : 논갈고 써레질할 때 잘 벗겨지지 않는 발 보호용 신발

2. 보양지물(補陽之物) 액판

한바탕 격정의 사랑 노래를 부르고 난 뒤 주변을 살피는 수컷, 그리고 특유의 빨간 액판

1) 수난기

'60년대 초에는 고기가 귀하던 시절로 장정들은 농번기의 고깃국 한 그릇이 큰 힘이 되었다. 그러나 1960년대 후반기부터 잘못된 보신 문화가 이루어져 1980년대 중반기까지 성행하였다.

뜸부기의 액판이 남성의 스테미너에 최고라는 헛소문에 공기총 소지자들이 들녘을 횡행하면서 뜸부기들의 포획보다 사살에 치중되어 더욱 가중된 절종의 위기에 봉착하였고, 이에 따라 1990년도에 학계에서는 국내에 도래하는 뜸부기의 멸종설까지 나왔다.

한바탕 사랑의 노래를 부르고 난 뒤 벼 밖으로 머리를 내밀고 주변을 살필 때 특유의 빨간 액판이 공기총의 조준점으로 작용하였다고 한다.

어떤 포수는 뜸부기의 액판만 도려내어 새끼줄에 주렁주렁 꿰어 와서 팔기도 하였다고 하니 얼마나 많은 뜸부기가 희생되었는지 당시의 실상을 잘 말해 주는 것 같다.

2) 오해와 진실

실제 뜸부기의 액판은 발정기 때 부풀어올라 한창일 때는 더욱 짙은 붉은색으로 변하지만 사람의 정력과는 아무런 관련이 없다.

그 액판은 뜸부기의 건강한 수컷의 혼인 색일 뿐 그 이하도 이상도 아닌 것이다.

그 고기를 먹어 보았다는 사람의 이야기를 들어 보면, 뜸부기의 액판과 고기는 비릿한 물비린내가 난다고 하며, '일반적으로 뜸부기 고기는 늙은 닭처럼 질기고 물컹거려 먹기도 상당히 불편했다'고 한다.

액판도 삶은 돼지 코 씹는 것과 비슷하여 보양물로서의 효능이 있는지 의문 투성이이며, 뜸부기는 중국과 우리의 어떤 한의학 문헌에도 존재하지 않아 전혀 신빙성도 없는 보양지물(補陽之物)로서 오인된 풍문에 의해 정겨운 우리 농촌의 새가 황새처럼 멸종의 전적을 이어받을 뻔하였다.

3. 뜸부기과 새들의 한방 요법

1) 뜸부기

【학명】 Gallicrex cinerea cinerea

【중문명】 田鷄

【한국명】 뜸부기, 鷧雞(등계), 鸂鶒(계칙)

【영문명】 Watercock

【한약명(漢藥名)】 앙계(秧鷄)

【이명(異名)】 추계·등계·계칙은 뜸부기, 흰눈썹뜸부기

- 응용 : 뜸부기과 새인 뜸부기의 고기로서 보중익기(補中益氣)[13]·
  살충해독[14]이 있는 약재이다.

- 채취와 조제, 수치(修治), 법제(法製), 포제(炮製)

- 수치(修治) : 포획하여 털과 내장을 제거한 후 생용하거나 약한 불
  에 말린다.

- 성미(性味) : 감온(甘溫 ; 맛이 달고 성질이 따뜻하다)

- 귀경(歸經) : 대장(大藏)·비(脾)·폐(肺)

- 주치(主治) : 비위허약(脾胃虛弱)·비기허(脾氣虛)·의류(蟻瘤 ; 발
  바닥에 생긴 종기에 작은 구멍이 나서 오래도록 낫지 않음)

- 효능 : 경부 임파선·결핵(연주창)·치루 같은 질병과 종양이 개
  미 구멍 같은 것이 생겨 오래도록 잘 낫지 않고 진물이 흐르는 것
  을 다스린다.

○ 각종 문헌 참고(조선전래 민간요법)

뜸부기 고기에 황기를 넣고 고아서 먹는다[인삼을 넣으면 더 좋다].

출처 : 박영준의 한방동물보감(354, 355면) 참조, 본초강목(민족의학연구원)

---

13)보중익기 : 비(脾)를 보하고 아래로 처진 비기를 일으키는 효능
14)살충해독 : 기생충을 없애고 해독하는 효능

2) 죽계(竹鷄)

【학명】 Musculus bambusicolae

【중문명】 죽계(竹鷄) zhu ji

【한국명】 중국대자고

【영문명】 Chinese Bamboo partridge

【이명】 산균자(山菌子), 니활활(泥滑滑)

죽계는 『본초습유(本草拾遺)』에서 산균자(山菌子)라고도 처음 기술하였으며 『본초강목(本草綱目)』에서는 제48권 금(禽) 2에 니활활(泥滑滑)이라고 기술하였다.

지금 중국에는 죽계(竹鷄)라고 통칭한다.

【원동물】 꿩과 동물, 중국 대자고(雉科動物 竹鷄), 몸길이 약 30cm이다.

머리 옆목·턱·목 등 모두 밤갈색, 상체는 황감람갈색(黃橄欖褐色)이고 남회색(藍灰色)의 미문(眉紋 ; 눈썹 모양)은 뒤를 향하여 거의 등 옆까지 뻗었다.

중앙의 꽁지 깃털은 엷은 육계밤색으로 좀벌레 모양의 무늬가 가득 섞여 있다.

하체는 다갈색으로 앞은 짙고 뒤는 엷으며, 양 옆구리에는 흑갈색 반점이 가득 섞여 있다.

발과 발가락도 황갈색이다.

산간 지대의 나무 숲 사이에 서식하며 밤이면 나무 위에 머문다.

잠복에 능하고 부득이한 경우가 아니라면 날지 않는다.

비상은 낮고 신속하며 식물의 여린 잎과 열매, 종자를 주로 먹이로 하

뜸부기 유조들

가을날의 뜸부기 유조

며 곤충도 먹는다.

중국 양자강 이남의 여러 지방에 광범위하게 분포한다.

- 약재 : 중국 대자고의 육(肉)을 약으로 한다.

  사계절 언제나 포획하여 깃털과 내장을 제거하고 생용한다.

- 성미와 귀경 : 감온(甘溫) · 무독(無毒)하며, 간(肝) · 심(心) · 비경

  (脾經)에 들어간다.

- 응용 : 보중익기(補中益氣) · 살충(殺蟲) 효능이 있다.

  비위허약(脾胃虛弱) · 소화불량(消化不良) · 변당(便溏) 등을

  치료한다.

  양은 적당히 하며 물에 달여 식육음즙(食肉飮汁)한다.

  출처 : 동의약용동물학(東醫藥用動物學) 의성당(醫聖堂) P485

* 죽계(竹鷄) ; 자고새〔=茶花鸡(다화계), 泥滑滑(니활활), 竹鷓鴣(죽자
  고)〕 (참고, 중국어 사전)
'죽계(竹鷄)'란 '대나무 닭'이란 뜻인데 중국 고문헌을 찾아보면 나오
기는 하지만, 이것이 오늘날 무슨 새를 뜻하는지는 알 수 없었다.

3) 추계(秋鷄)

【학명】Rallus Aquaticus

【중문명】秧鷄 yang ji

【한국명】 흰눈썹뜸부기

【영문명】Water Rail flesh

【이명】 앙계(秧鷄)

추계(秋鷄)는 식물본초(食物本草)에서 원명을 앙계(秧鷄)라고 처음으로 기술하였으며 『본초강목(本草綱目)』에서는 제48권 금(禽) 2에 기술되어 있다. 중약대사전(中藥大辭典)에도 기술되어 있다. 현재 중국 민간에서는 대개 추계(秋鷄)라고 한다.

【원동물】 뜸부기과 동물 흰눈썹뜸부기〔秧鷄科動物 秧鷄 ; Rallus Aquaticus Blyth〕의 몸길이는 30cm이다. 상체는 대개가 어두운 회갈색으로 흑색 얼룩 무늬를 띠었고 그 머리의 얼룩 무늬는 더욱 뚜렷하다.

하체는 갈색으로 두 겨드랑이에 흰 반점이 있으며 항문 주위와 꽁지 밑을 덮는 깃털은 흑백이 서로 섞였다.

부리의 기부는 적색으로 앞쪽의 끝은 엷은 흑색이다. 발은 적갈색을 띠고 앞발가락은 몹시 길어 거의 부리의 길이와 같다. 발가락에는 물갈퀴가 없다. 항상 소택지나 물 가까이 있는 풀숲에서 서식한다. 보행이 빠르기도 하지만 높이 날지 않는다. 먹이는 곤충·소형 나류(螺類 ; 다슬기)를 먹으며 식물의 여린 싹도 먹는다.

중국에는 동부지역에 널리 분포되어 북쪽은 흑룡강(黑龍江)에서 남쪽은 광동(廣東)까지 있다. 그러나 개체가 많지는 않다.

• 약재 : 흰눈썹뜸부기(秧鷄)의 육을 약으로 사용한다. 사계절 언

제나 포획하여 털과 내장을 제거해 생용(生用)하거나 약한 불에 말린다.

- 성미 및 귀경 : 감온(甘溫) · 무독(無毒)하며, 폐(肺) · 비(脾) · 대장경(大腸經)에 들어간다.

- 응용 : 살충해독(殺蟲解毒), 보중익기(補中益氣) 효능이 있다. 의루(蟻瘻), 비위허약(脾胃虛弱) 등을 치료한다. 삶아 먹는다.

출처 : 동의약용동물학(東醫藥用動物學) 의성당(醫聖堂) P505

4) 홍골정(紅骨頂)

【학명】 Gallinulae chloropus

【중문명】 홍골정(紅骨頂) hong gu ding

【한국명】 쇠물닭 고기

【영문명】 Common Gallinule

【이명】 쇠물닭(黑水鷄)

홍골정(紅骨頂)은 『동방약용동물지(東邦藥用動物誌)』에서 기술되어 있으며 중국 민간에서는 최근에 이를 널리 이용하여 병을 치료하고 있으며 효과도 좋다.

【원동물】 뜸부기과 동물 쇠물닭(秧鷄科動物 黑水鷄 : Gallinula chloropus Linne)

머리 · 목과 등, 위는 회흑색이고 등 아래 날갯죽지와 꽁지는 모두 감람갈색(橄欖褐色)이다.

몸의 옆과 하체는 회갈색인데 하체에는 흑백이 서로 섞여 있는 얼룩점이 있다. 양 옆구리는 넓은 백색 줄무늬가 있고 부리 끝은 연한 황록색으로 기부와 이마는 선명한 적등색(赤橙色)이다.

발등의 앞은 연한 황록색이고 뒤와 발가락은 회녹색이다.

평원이나 산지의 소택, 시냇물가의 갈대 숲에서 서식하며 때로는 논밭에도 나타난다.

주로 수서(水棲) 곤충이나 연충(蠕蟲 ; 꿈틀거리며 기어다니는 벌레), 연체 동물과 식물의 어린 잎을 먹는다.

중국에는 전국 각지에 널리 분포되어 있다.

- 약재 : 쇠물닭의 육(肉)을 약으로 사용한다. 사계절 언제나 포획하여 깃털과 내장을 깨끗이 제거하고 육을 채취하여 약으로 사용한다.

- 성미 및 귀경 : 감(甘)·신(辛)·온(溫)하고, 비(脾)·위경(胃經)에 들어간다.

- 응용 : 자보강장(滋補强壯), 개위진식(開胃進食) 효능이 있다. 비위허약(脾胃虛弱), 식욕부진(食慾不振), 소화불량(消化不良) 등을 치료한다.

  - 비위허약(脾胃虛弱)·소화불량(消化不良)에 대한 치료 : 쇠물닭 1마리, 맥아(麥芽) 15g, 진피(陳皮) 10g, 내복자(萊菔子) 15g, 산사(山楂) 50g, 복령(茯苓) 50g을 삶아 식육음즙(食肉飲汁) 한다.

  - 신체허약(身體虛弱), 식욕부진(食慾不振)에 대한 치료 : 쇠물닭 1마리와 이추어(泥鰍魚 ; 미꾸라지) 5마리를 함께 삶아 식육음즙(食肉飲汁) 한다.

출처 : 동의약용동물학(東醫藥用動物學) 의성당(醫聖堂) P506

271

상징 꽃

1. 뜸북꽃(채송화 ; 菜松花)

학명	*Portulacagrandiflora(Portulaca grandiflora HOOK)*
계	식물
문	속씨식물
강	쌍떡잎식물
목	중심자목
원산지	남아메리카 브라질
크기	높이 20cm 내외
이명	대명화, 따꽃, 땅꽃, 앉은뱅이꽃, 하루살이꽃, 솔잎모란, 따매기꽃, 뜸북꽃, 이끼장미(Rose Moss), 반지련(半支蓮), 초두견(草杜鵑), 양마치례(洋馬齒禮)
영어명	Rose Moss, Sun Plant, Eleven-oclock
꽃말	천진난만, 순진, 가련
한약	전초를 반지련(半枝蓮)이라고 하며, 주로 외용약으로 사용
상징	• 여름 철새인 뜸부기가 날아올 때 핀다고 '뜸북꽃' • 뜸부기가 울 때 피어난다고 '뜸북꽃' • 꽃망울이 뜸부기의 볏과 닮았다고 '뜸북꽃'

생태

쇠비름과에 딸린 한해살이풀. 높이 20cm 가량, 줄기는 분홍빛이고 잎은 육질(肉質)인데 원주상 선형(線形)이며, 잎 겨드랑이에 희고 긴 털이 있다. 여름에서 가을에 걸쳐 자주·분홍·노랑·백색의 꽃자루가 없는 다섯 잎 꽃이 햇빛을 받아 아침에 피었다가 오후에는 시들며 꽃의 중심에 많은 수술이 있어 자극을 주면 일종의 운동을 일으킨다. 열매는 둥근 개과(蓋果)이며 익으면 위의 절반이 뚜껑처럼 열리어 속의 잔씨를 흩뿌린다. 브라질 원산(原産)이며 관상용으로 정원에 심는다.

1) 채송화 이명

꽃송이가 뜸부기 수컷 머리에 솟아 있는 빨간 볏과 비슷하여 붙여진 뜸북꽃

따꽃, 땅꽃 : 땅에 붙다시피 하면서 피기 때문에 붙은 이름('따'는 땅
    의 옛말)이다.

따매기꽃 : '채송화'의 평안북도 방언이다.

뜸북꽃 : 여름 철새인 뜸부기가 찾아오는 여름에 피는 꽃이다.
    꽃송이가 뜸부기 수컷 머리에 솟아 있는 빨간 볏과 비슷하
여 붙여진 이름이다.

초두견(草杜鵑) : 두견이풀(두견새풀), 두견이와 비슷한 새이다.

솔잎모란 : 잎은 솔잎 같고 꽃은 모란 같아서 생긴 이름(모란은 본래
    한자어 목단(牧丹)을 말한다.

앉은뱅이꽃 : 땅에 붙은 듯 잘 눕고 꽃대만 조금 솟아 꽃을 피우기 때
    문에 붙여진 이름이다.

하루살이꽃 : 아침에 피었다가 한낮에는 지기 때문에 생긴 이름이다.
    [대명화, 진시화, 채숭이(함남)]

---

* 출처

1. 뜸북꽃 = 채송화(菜松花)
    (우리말 큰사전, 어문각 한글학회 편저 p1,246)
    (새 우리말 큰사전, 삼성출판사 신기철 · 신용철 편저 p1,005)

2. 뜸북꽃
관상용으로 정원에 가꾸는 쇠비름과의 한해살이 풀로서 여름에서 가
을에 걸쳐 꽃이 피는데 빛깔은 여러 가지이다.
    (흔국어대사전, 성안당 높세울 · 남영신 엮음 P822)

2) 채송화의 꽃말(국어사전, 백과사전)

- 한송이 꽃 안의 암술과 수술이 서로 만나 씨앗을 만드는 '사랑꽃'
- 아침에 피었다가 저녁에 지는 '하루살이꽃'
- 뚜껑이 달린 열매 속에 좁쌀보다 작은 까만 씨앗이 소복한 '다산의 꽃'
- 땅에 붙어 낮게 자란다고 '땅꽃'
- 여름 철새인 뜸부기가 날아올 때 핀다고 '뜸북꽃'
- 잎이 솔 이끼를 닮아 '이끼장미(Rose Moss)'
- 잎은 솔잎을 닮고 꽃은 모란을 닮아서 '솔잎모란'

3) 동요

'꽃밭에서'

아빠하고 나하고 만든 꽃밭에
채송화도 봉숭아도 한창입니다
아빠가 매어놓은 새끼줄 따라
나팔꽃도 어울리게 피었습니다

동요는 언제 불러도 정다워서 어른이 되어서도 흥얼거리게 된다. '꽃밭에서'를 부르다 보면 어느새 소년이 되어 친구들에게 달려가고 어머니의 품속처럼 포근하여 그리움에 젖어다.

2. 수계두(水鷄頭 ; 가시연꽃)

수계두라고도 불리는 가시연꽃

1) 수계(水鷄 ; 물닭, 뜸부기)

고향을 떠올리게 하는 논에서 우는 물닭을 말한다.

초여름에 날아와서 여름을 지나며 번식을 하고 가을이면 떠난다. 짝짓기 철의 수컷은 몸의 색이 검은색이며, 부리는 노란색이고 발은 녹청색이다. 수컷은 머리에 닭처럼 붉은 볏이 솟아 있는 것이 특징이다. 암컷은 수컷보다 조금 작고 언제나 갈색이다. 수컷이 벼 사이나 논둑을 걷는 모습을 보면 다리와 발가락이 긴 검은색 닭 한 마리가 걸어가는 것같이 흡사하다.

이런 모습에 뜸부기를 수계(水鷄)라고 하였으며, 서양에서도 영어 이름이 'Watercock', 즉 우리 고유의 이름인 수계(水鷄 ; 물닭)란 이름으로 불려진 듯하다.

뜸부기의 액판이 수계두(가시연꽃)를 닮았다고 하여 '수계'라고도 불린다.

2) 수계두(水鷄頭)

가시연꽃은 꽃봉우리가 물닭〔水鷄 ; 뜸부기, 쇠물닭〕의 머리〔頭〕 모양이고, 개화하면 반쯤 열리는 꽃받침 위로 삐쭉 내미는 자줏빛 꽃잎들이 마치 뜸북이의 머리에 붙어 있는 붉은 볏과 비슷하다고 하여 일명 수계두(水鷄頭)라고 하였다.

전설
동요
대중 가요

전설

1. 등계리의 전설

봉선대는 신선이 하늘에서 내려온 하강대가 위치해 있고 목욕을 마친 신선이 잠시 쉴 겸 장기를 두고 휴식을 취하다 올라갔다는 설화.

애틋한 사랑만 남기고 간 정이와 설이의 이야기가 잠들어 있는 봉선대산.

바닷가 마을인 등계(鶌鷄 ; 뜸부기)리는 자그마한 천수답까지 슬픈 뜸부기 소리가 요란하여 등계리라 하였다(등계리 ⇨ 둥계리).

○ 지명의 유래 예

- 실제 지명의 유래 조사는 마을명, 도로명 및 시설명을 정하는 데 많은 도움을 준다.
- 설화와 관련된 '봉선대산(鳳仙臺山)'
- 등계(鶌鷄 ; 뜸부기)가 많아서 붙여진 지명인 '둥계골'
- 중동 안쪽에 있는 마을이라 붙여진 '내동(內洞 ; 안 동네)'
- 땅 이름에서 반도형으로 생긴 갑(岬)을 이르는 말로 곶의 안쪽을 일컫는 곳안 ⇨ '고잔(古棧)'
- 방죽으로 바닷물을 막아 농지를 만들어 '방축리(防築里), 방죽머리'
- 방죽들과 여우골 사이의 마을로 강의 흐름 가운데 물살이 빠르고 센 곳에 붙은 이름 '강여울골'
- 내동 방향의 산 아랫마을로 여우가 살았던 계곡의 마을이라서 붙

여진 '여우골'

- 동이를 만들었던 곳이어서 불린 '동이 터'
- 위에 있는 마을이라고 해서 '웃말'
- 봉선대 아랫마을로 바다 쪽으로 돌출된 곳에 붙여진 지명인 '화수개'
- 창문초등학교 뒤에 있는 높은 산인 '박산'
- 당이 있는 데서 건너다보이는 높은 산이라고 해서 '구렵산'
- 커다란 가래추가 있다고 해서 '가래울'
- 술집이 전에 거기 있었다고 붙여진 이름 '사창'
- 인천으로 붙었다가 남양으로 되었다고 붙여진 이름 '남양 인천'
- 떠밀려 온 섬이라고 붙여진 이름 '저울이섬',
- 2리에 당이 있기 때문에 붙여진 이름 '당너머'
- 산의 형상의 모양이 범의 모양이라 붙여진 이름 '범머리'
- 쥐불놀이나 달맞이를 할 때 확 터졌다고 해서 '활딱지' 등이 있다.

2. 뜸부기와 효자

효자비(孝子碑)

《비문 요약》

○ 효행

이희영(李曦榮)은 어려서부터 학문에 힘썼으며 효성이 지극했다. 아버지가 병이 들어 오랜 세월 동안 백약이 무효했는데, 뜸북새의 기름을 먹으면 낫는다는 얘기를 들었으나 마침 추운 겨울이라 구할 수 없어 애를 태웠다. 하늘에 치성을 드리던 중 갑자기 뜸북새가 날아왔고, 이를 잡아 기름을 짜서 구완하니 신기하게도 병이 완치되었다. 이희영은 그 후 인근 각지에서 하늘이 낸 효자라고 칭송이 자자했다.

이희영과 처 한양 조씨의 정효비 앞면

영천시 고경면 오룡리에 위치한 월성인 이희영과 처 한양 조씨의 정효비 정면 모습이다. 건립 당시 비각이 있었지만 퇴락되어 현재 비만 남아 있다.

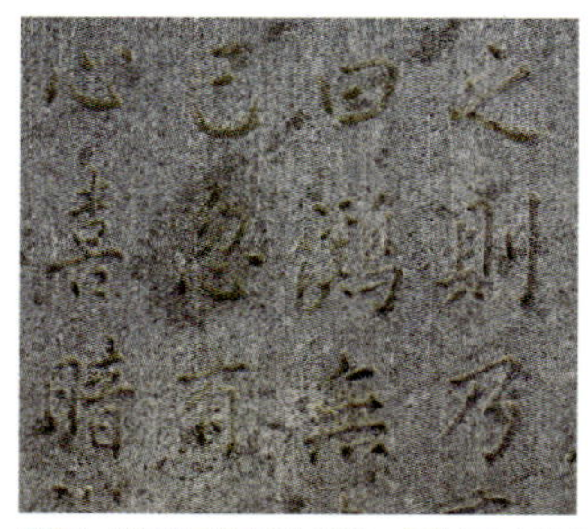
뒷면. 벽체고(동의보감) : 뜸부기 기름

〈뒷면〉

曰鸂因鸂無奈可得夫妻相戒伏地泣說曰誠不足也藥不能救不救親患……

뜸부기가 없으니 어찌하면 얻으리오, 부처가 서로 정성을 다해 땅에 업드려 울면서 말하기를 정성이 부족하여 약을 구할 수 없어 부친의 병구완할 수 없으니……

※ 경상북도 영천시 고경면 오룡리 1,230번지에 부부쌍효(夫婦雙孝)인 정효비(旌孝碑)가 남아 있다.

동요와 대중 가요

1. 동요

1) 오빠 생각

김기주의 조선동요선집(1932년)

원문

옵바 생각

崔順愛

뜸북뜸북 뜸북새 논에서 울고
쌕국쌕국 쌕국새 숲에서 울제
우리옵바 말타고 서울 가시며
비단당기 사가지고 오신다더니

기럭기럭 기럭이 북에서 오고
귀쓸귀쓸 귀쓰람이 슯히울것만
서울가신 옵바는 소식도 업고
나무닙만 우수수 써러집니다.

　‘오빠 생각’은 1925년 11월 『어린이』 잡지 ‘동시’ 부분에서 입선작으로 뽑혔다. 입선자는 경기도 수원시 화성 안동네의 12살 최순애(1914~1998년)였다. ‘오빠 생각’은 작곡가 박태준이 노래로 만들어 국민 동요가 되었고, 당시 이원수는 이 동요를 보고 크게 감동을 받아서 13세였던 최순애에게 편지를 보낸 게 결혼에까지 이르렀다고 하며, 서울 가신 오빠는 손위 오빠 최영주(1906~1945년)였다.

우리들의 어린 시절에는 이 동요를 무척이나 즐겨 부르면서도 노랫 말의 뜻은 알지 못했다.

초등학교 입학하기 전부터 형·누나들이 자주 부르던 동요였고 대학 시절 농촌 활동을 갔을 때, 보리도 베고 모내기도 하면서 저녁이면 피 곤함을 무릅쓰고 앞마당에 모깃불을 피워 놓고 앉아서 감자를 재 속에 묻어 놓고 익기를 기다리며 다 같이 멍석 위에 빙 둘러앉아 키타를 치 며 합창하던 동요였다.

참고로, 언제나 고향을 떠올리게 하고 어린 시절의 아련한 추억을 곱 씹게 하는 '오빠 생각'의 가사 가운데서 바뀐 것이 있는데, 지금은 '비 단 구두'이지만 처음에는 '비단 댕기'였다.

어린 시절 이른 아침이나 해질녘이면 논에서 들리던 뜸북새 소리는 가까운 장래에 사라질 위기에 처해 있어 이제 동요로만 남을까 봐 걱 정이 앞선다.

2) 항일 동요

'오빠 생각'의 동요는 모르는 사람은 거의 없다.

최순애(崔順愛, 1914~1998년) 여사가 12살이던 1925년에 방정환 선 생님이 발행한『어린이』아동 잡지(개벽사 1925년)에 응모하여 입선작 으로 선정된 동시가 11월호에 실린 것이 원작이다.

이 시는 서울로 간 오빠(최영주)가 돌아오지 않자 과수원 밭둑에서 서울 하늘을 바라보며 오빠를 기다리며 지은 것이다.

실제 최영주는 방정환과 함께『어린이』잡지를 발행하였고 천도교청 년동맹과 신간회에도 참여하였다.

한편 "오빠 생각"은 1930년에 작곡가 박태준(朴泰俊, 1900~1986) 선생이 곡을 붙이면서 일제 강점기 때부터 온 국민이 즐겨 부르는 노래가 되었다.

당시 항일 운동에 따른 일제의 탄압은 최고조에 도달했고, 뜻을 품은 사람들은 조국을 떠나야 했다.

만주의 차거운 벌판에서도 하얼삔에서도 조국의 독립을 위해 눈보라 속을 진군하면서 흥얼거리던 동요이다. 고국에서 온 사람들이 흥얼거리는 노래를 따라 부르며 뜸부기의 향수에 젖은 독립군들에게 고향처럼 간절한 곳도 없었을 것이다.

누가 가르쳐 주지 않아도 입에서 입으로 알려진 동요를 부르며 향수를 달랬던 '오빠 생각'은 머나먼 이국 땅에서도 잔잔한 메아리가 되어 압록강을 건넜던 것이다.

노래 속에 등장하는 뜸부기는 뜸부기과(Rallidae)의 물새로, 수컷은 번식기가 되면 자신의 영역을 지키고 알릴 뿐만 아니라 암컷을 불러들이기 위해 혼신의 힘을 다하여 간절한 울음 소리를 내뱉는다.

그 독특한 소리는 한번 들으면 잊어버리기 힘들다. 그래서 먼 이국 땅에서도 노랫소리 속에 고향이 그려지고 할아버지의 할아버지 적부터 울리던 소리가 귓가에 맴돌아, 조국의 독립 운동에 더욱 박차를 가했던 것이다.

3) 금지된 동요

○ '오빠 생각'은 금지곡이었다.

조선총독부가 뜸부기나 기러기가 무서워 노래를 금지시킨 것은 물론 아니다. 조선 백성들 모두가 '오빠 생각'을 애창하였고 만주에서 독립 투사들이 애창하는 모습이 더욱 눈엣가시였던 것이다.

○ 국정화는 시대의 퇴행이다.

애틋한 그리움이 담긴 최순애의 '오빠 생각'은 박정희 대통령 시절인 유신 시대에도 금지곡이었다.

'오빠 생각'의 기러기가 왜 북에서 오느냐고 시비한 사정 당국의 "반공 방첩"의 철저한 공산주의 배척에 따른 최초의 종북 동물을 연상케 하였다.

4) 민족의 애환을 남긴 뜸부기

○ 일제 강점기의 사회상

'오빠 생각'은 일제 강점기 시절의 나라 없는 설움이 켜켜이 묻어나는 국민 동요로서, 1925년 당시 12세였던 최순애와 작곡가겸 합창단 지휘자 박태준이 만들어낸 합작이다.

최영주는 한 달에 한 번 고향에 올 때마다 동생인 최순애를 위해 선물을 들고 왔는데 한번은 비단 댕기(구두로 바뀜)를 사 가지고 오겠다면서 떠나고는 그 이후로 볼 수 없었다고 한다.

소학교를 다니는 아이들이 즐겨 불렀던 노래를, 전장에 끌려간 아들을 생각하며 어머니도 숙모도 이 동요를 불렀다.

아버지는 말없이 담배를 피우시다 말고 곰방대로 화로를 툭툭 치며 헛기침을 하신다.

태평양 전쟁이다, 대동아 전쟁이다 하고 전쟁을 하면서 인면수심 일본은 이제 갓 소학교를 졸업한 소년들을 강제 징용으로 군대에 끌어 가고 노역장으로 끌어 가서, 적막한 농촌에는 배고파 우는 아이의 소리와 어머니의 한숨 소리가 마을마다 가득했다.

금방이라도 아들들이 나뭇짐을 한짐 짊어지고 골목으로 들어올 것만 같아 멍하니 문 밖을 살피는 어머니…….

일제의 무자비한 탄압은 우리의 강토만 유린한 것이 아니라 정신마저도 총칼로 무자비하게 유린하여 우리말·우리글을 전혀 사용하지 못하게 하고 이름마저 강제로 일본식 이름으로 바꾸어 사용하도록 하여 민족의 혼까지 말살하려 했다.

중일전쟁에 끌려간 남자들은 훈련도 제대로 받지 못한 채 죽창만 쥐고 일본 군대의 선봉에 서게 해서 총알받이가 되어 이름 없는 저 하늘의 별이 되어 반짝였다.

초개같이 버린 몸은 만주의 어느 산하에서 잠들고, 또는 어느 이국 땅 이름 모를 산하에서 고향 하늘을 생각하며 쓸쓸히 별이 되기도 했다.

일제는 그것도 모자라 포탄을 만들 재료가 없다며 우리들의 밥그릇인 놋그릇·숟가락까지 강제 공출하게 하였는데, 그 양이 적거나 자기들 마음에 들지 않으면 밥을 먹을 때 일본 순사가 갑자기 들이닥쳐 강제로 빼앗아 가기도 하였다. 어떤 순사는 제삿날에 놋그릇을 사용했는지 탐문까지 하며, 지소로 오라고 하여 강탈하기도 했다고 한다.

고향에 계신 부모님은 행여 아들이 돌아올까 기다리고…….

강제 징용되어 살아서 돌아오리란 보장도 없는 전쟁터에 끌려가는 오

빠는 애써 태연한 척, "가서 돈 많이 벌어 행복하게 살아 보자"면서 울
며 매달리던 누이동생을 달래며 떼어놓고 떠나갔다.

오빠가 가던 날, 갓 모내기 해놓은 논둑에서 뜸부기가 구슬프게도 울
었다.

뜸~ 뜸~ 뜸뜸뜸뜸……

일제의 징용에 끌려가는 오빠는 차마 누이동생에게 전쟁터에 간다는
말을 못하고, "서울에 돈 벌러 가니까 열 밤만 자면 올 테니 부모님 말
씀 잘 듣고 기다리라"고 했다.

누이동생은 열 밤만 자면 오빠가 오시겠거니, 스무 밤만 자면 오시겠
거니 손꼽아 기다려도 돌아오신다던 오빠는 여름이 가고 가을이 가고
한 해가 가고 두 해가 가도 소식이 없다…….

돌아오지 않는 자식을 기다리며 해질녘이면 동구 밖을 바라보며 한
숨짓는 어머니…….

보리를 타작한 이삭대를 뽑아 여치 집을 만들어 놓고 밭둑에서 여치
를 잡아서 여치 집에 넣고 좋아라 하던 오빠, 감꽃을 주워서 목걸이를
만들어 목에 걸어 주던 오빠, 감자를 구워서 먹다가 맨 나중에 하나 남
은 감자를 까서 누이 입에 넣어 주던 정이 많던 작은오빠였다.

까치만 울어도 오빠가 올 것만 같아 동구 밖을 쳐다보고, 저녁에 동
네 개만 짖어도 혹시나 하고 '오빠가 오는 것은 아닌가' 하고 기다렸다
고 한다.

해마다 6월이면 뜸부기는 어김없이 돌아와서 논둑에서 울었다.

1997년의 무주 반딧불이 축제에서, 설천면 지성리에 사는 이분이씨 (79세)의 당시의 소회다.

"왜정 시대에도 개똥불이 참 많았제.

농골 천수답에 낮에는 뜸뷔기 울고 밤에는 개똥불이제.

거년이나 올해나 꽃은 똑~같은디 사람은 한분가마 다시 못오는갑다 그치?

울 마실에도 조 건너 거시기 순녀네 창우가 열세 살 땐 갑다. 돈 벌어와야 먹고 산다고 난리 한번 치고서는 집 나간거라.

거시기 어느 땐가 모르겠다마는 동 · 반장이 군산 공장에 여공들이 많이 필요하다고 해싸서 돈 벌게 해준다고 여식아들 모집 안했나.

아마 그때 순녀네도 집에서는 입하나 덜고 돈도 한푼 벌 수 있다고 따라갔는디, 그라고 소식 끊어졉쁘따 않겠소…….

냉중에 알아보이 갸는 돈 더 많이 준다고 배타고 일본간다고 했는거라 그담에는 소식이 도통 없는 기지뭐……."

2. 대중 가요

판문점의 달밤

고대원

뜸북새 울고 가는 판문점의 달밤아

내 고향 잊어버린 지 십 년은 못 되더냐

푸른 가슴 피 끓는 장부의 가는 길에

정한수 떠 놓고 빌어주신 어머님은 안녕하신가

적진을 노려보는 판문점의 달밤아

내 부모 작별을 한 지 어언간 십 년 세월

가로막힌 이 땅에 평화가 찾아오면

태극기 흔들며 반겨주실 어머님은 안녕하신가

적막이 깊어가는 판문점의 달밤아

내 형제 이별을 한 지 십 년이 지나가도

일편단심 내 마음 변할 리 없으련만
기어코 승리를 거두라신 어머님은 안녕하신가

감상

'판문점의 달밤'은 1954년에 음반으로 발표됐다. 서울레코드에서 만든 음반은 휴전 이듬해 시대 상황과 맞물려 인기가 많았다. 1953년 7월 27일 휴전 협정 후 북진 통일의 소리가 한창 높을 때 음반이 나와 외세에 따른 휴전선에서 고향을 생각하며 부르는 '판문점의 달밤'에서 병사의 정든 고향이 떠오른다. 뜸부기보다는 뜸북새로 더욱더 애틋한 향수에 젖어든다.

짝사랑

고복수

아 으악새 슬피 우니 가을인가요。
지나친 그 세월이 나를 울립니다。

여울에 아롱젖은 이즈러진 조각달.
강물도 출렁출렁 목이 멥니다.

아 뜸북새 슬피 우니 가을인가요.
잃어진 그 사랑이 나를 울립니다.
들녘에 떨고섰는 임자없는 들국화.
바람도 살랑살랑 맴을 돕니다.

가사 속에 등장하는 '으악새'가 무슨 새인지 주변에 질문을 해 보면
흔히들 새의 이름이 아니라 '억새풀'을 나타내는 말이라고 설명합니다.
즉, '으악새가 슬피 운다'는 것은 '새가 구슬프게 우는 것'이 아니라 '바람
이 억새풀에 스치는 소리'라고 해석합니다. 또한 '으악새'가 왁새라고도
하는데 왁새는 울음 소리가 왁, 왁 한다는 '외가리'를 말하기도 합니다.

강가에는 일렁이는 물결에 달빛마저 흐트러지고, 가슴 속 한편에 잔
잔하게 밀려오는 떠나버린 님을 못잊어 한없이 그리워합니다.
가을의 문턱에서 뜸부기의 울음마저 슬프게 들려 와 애잔함이 담겼
습니다.

뜸부기과 새들의 기념물

1. 뜸부기 우표

여러 나라의 뜸부기과 새들의 우표

2. 주택복권(뜸부기)

주택복권(뜸부기)

추첨일 : 1997년 5월 4일(일요일)

지급 기한 : 1997년 8월 5일(화요일)

1등 당첨금 : 3억 원

발매 금액 : 500원(매당)

  주택복권(lottery ticket)은 대한민국의 주택은행에서 매주 1회 발행했던 추첨식 복권이다.

  발행 목적은 무주택자·군경 유가족·국가 유공자·파월 장병의 주택 기금을 마련하는 데 있었다.

- 추첨 방송 : KBS 2 TV(1993년 5월~2005년 4월)
- 추첨 방식 : 1969년 도입 초기부터 다트쏘기 형식을 사용했는데 사회자의 "준비하시고 쏘세요!"라는 구호에 다트를 쏘아서 숫자 조합이 이루어졌다. 당시 복권은 판매점 월요일 개점부터 토요일 폐점시까지 구입할 수 있었으며, 토요일 오후 8시에 추첨을 하였다.

3. 주택복권(쇠뜸부기사촌)

주택복권(쇠뜸부기사촌)

추첨일 : 1997년 5월 11일(일요일)

지급 기한 : 1997년 8월 11일(화요일)

1등 당첨금 : 3억 원

판매 금액 : 500원(매당)

발행 : 한국주택은행

시

용바위(龍岩)

2010년 2월 22일

그대여!
돌아오라!

동구밖 용바위가
바람을 막으며 우뚝 서서
객지에서
온갖 풍상을 담았다면
이제는
나에게 쏟아 놓고
좀 편히 쉬시구려

태고 적부터
웅장한 모습으로
마을의 수호신이 되어
비바람을 고르게 하고
액운을 막아 주며
작은 옥토에
해마다
풍년을 안겨 주었다.

진배미 논둑에서
뜸부기가 짝을 찾고
둠벙에 흰 구름 떴다.
종달새 노래에
그대여!
돌아오라

시월의 누런 속삭임
명년을 기약하고
고향은 언제나

그대들을 따뜻하게 품어 주리니
그대들의 눈물을 거두어 주려느니……

6월의 황금 들녘

2014년 7월 27일, 공릉천에서

해마다 해마다
하이얀 밤꽃이
강아지 꼬리처럼 흔들며
송촌 배수장을 지키고
수줍던 종다리가 하늘 오를 때
아득히 들려 오는 뜸부기 소리
추억은 저편 풍경처럼 접혀 있고
간간이 농로를 찾는 나그네
무논에 비친 산 그림자 위로
한가롭게 흘러가는 흰 구름
보풀 꽃 한송이에도
고개 숙인 물달개비 한 송이에도
사랑은 그렇게 흘러가고 있었다.

앞 개울 건너 애기봉 위로
아카시아꽃이 흐드러지고
산들바람 타고 들려 오는 뻐꾸기 소리
나비는 쌍쌍이 날아올라
흰 구름 사이로 스며들고

뜸북새는 논둑에서 홀로 서럽다.
논매기 소리도 끊어진 지금
무심한 듯 불어오는 골바람
물매화 하이얀 웃음에
벼포기 비집고 밖을 엿보는
어린 티 벗어버린 금개구리
양볼을 부풀리고 노래하면
둠벙에 송사리 물 위로 뛰네
오!
다래끼 메고 쇠꼴 채우던 날
송아지는 엄마 찾아 길게도 운다.

고향의 새

2023년 11월 11일, 오후 고향에서

앞산에 산그림자 중턱에 걸리면
진배미 논둑에서 뜸부기 소리
노을이 흰 구름 타고 앞산에 걸리면
저녁 연기 산중턱에 길게 늘어섰네
아!
모깃불 피우던 형은
작은 동산을 만들며 가고
그해 울던 뜸부기는
다시는 울지 않았다.

한송이 하얀 박꽃이
초가 지붕 위에서 달빛 받으면
유월의 햇살이 처마에 든다.
장독대 옆 뜸북꽃 활짝 필 때
누나는 봉선화 꽃잎을 따고
뒷산 탕건바위 뻐꾸기 우네

정양지 미루나무 흰 구름 쓸고
이웃집 화동댁 논매기 소리

철이는 소꼴 한짐을 지고
뜸부기 우는 논둑 길 걸으면
소 먹이던 아이들 집으로 오네.

ㅇ 옛집을 돌아보며

우리 칠 남매가 자랐던 옛집만 마당에서 쓸쓸히 잡초를 키우면서 돌아오기를 기다리고 있었다.

간혹 아우가 와서 불을 때곤 둘러보고 간다고 앞집 숙모님이 전해 주신다.

돌아와서 말하리라.

밤새 해도 모자랄 말들을……

아우야!

너도 어서 돌아오렴,

정답게……

의좋게……

우리 남은 인생을 여기서 다시 한 번 살아 보자.

들녘에서 기도

2024년 10월 3일, 왕복 4차선 도로 공사를 보며

바지게에 낫 갈아서 얹고
진배미 논둑으로 간다.
이웃집 철이가 따라와서
목욕하러 가자고 한다

개구렁터에 먹감으며
모래 속 개미귀신 잡아
해가 중천에 오르도록 놀면
누나는 밥 먹어라 소리치고
그때서야 허겁지겁 논둑에 간다.
연이어 들리는 형의 목소리에
반짐도 못한 채 집으로 간다.

올해도 유월에는 뜸부기 울고
자줏빛 물옥잠 하늘 담았네
농로는 어디 가고 고속도로 나고
파란빛 무성하던 여름은 그렇게 가오
천혜의 황금빛 물들던 곳
이제는 떠나야 할 황금들녘

가을비 내리던 그 어느날
논 바닥이 솟아올라 밭이 되고
기러기도 앉으려다 울며 가네.

안개는 온 들녘에 가득하고
태양마저 형태만 반공에 솟아라
장엄한 대자연의 힘이여!
섬세하고 정 어린 마음으로
뭇생명이 뛰어놀게 하소서
함께 공존하고
함께 살아가는 들녘이 되게 하소서.

뜸북새 운다

2012년 4월 13일, 고향을 그리며

다랑이 보리밭 풍년 들던 그해
오동나무 자줏빛 꽃이 피었다.
누나는 여치 집 만들어 놓고
여치 잡으러 가자고 했다.
잃어버린 긴~ 세월
무심한 계절은 수없이 오고 또 갔지만
그 옛날 누이 떠난 동구 밖 논두렁엔
오늘도 뜸북 뜸북 뜸북새 운다.

소 몰고 쟁기 지고
새 논 갈던 날
누나 등에 업혀서도 빨간 투정
찔레 꺾어 껍질 벗겨 입에 넣어 주며
아버지 논 가시는 걸 보라고 했다.
이랴 이랴……
어디 어디……

우리 소는 입마개 좁은 아미 사이로
갓 올라온 풀을 먹으려 혀를 내민다.

아버진 빨리 논이나 갈자고 소를 재촉하신다.
이랴 이랴……
워, 워……
소를 세우시고 다가오시더니
집에 있지 뭐하러 나왔노?
준이가 자꾸 나가자고 해서……

뒷산은 잠들고
개울물이 멈추던 날
오동나무 자라난 파아란 논둑에
저물녘 햇살에 저녁 연기 흩으며
오늘도 뜸북 뜸북 뜸북새 운다.

아버지

고향은 언제나 그리워
아늑하고 포근한 강마을
동구 밖에만 들어서도
어머님이 싸립문 여시면
멍멍이는 반갑다고 마중 나왔다.

동산 앞 미루나무에
저녁 연기 걸릴 때까지
무성한 벼들 사이에 오가며
벼보다 더 크고
잎색이 옅은 피를 뽑으시는
아버지!
그 이름 아버지였습니다.

밀짚모자 아래로
송글송글 맺힌 고운 땀방울
저와 누이가 먹고 컸습니다.

깔끔하게 다듬은 논둑에서
깜찍한 볏을 뽐내며

아버지의 풍년을 도운 뜸북새
볏잎을 갉아 먹던 메뚜기도
쭉정이 만들던 벼멸구도
예리한 입질에 견디지 못하고
황급히 멀리 도망갔습니다.

올해도
내년에도
돌아와 풍년을 노래하면

마당에는
아버지의 거친 손등 위로
저녁 모깃불 연기 타고
은하수가 내려옵니다.

초여름날의 뜸부기

동산에 뻐꾸기 울고

가랑비에 복사꽃 집니다

소를 몰고 써래질할 때

농부의 소 모는 소리에

성근 흙덩이 위 종다리 날고

알알이 물에 뜬 진주를 꿰어

구슬 속에 하늘을 담는다.

왼쪽으로

오른쪽으로

구르다 말고

허공에 던져져 꽃비 내리네

갓 심은 벼 포기 위로

불어오는 파란 바람

지나가는 비 한참에야

서쪽 하늘 구름 개고

어디선가 들려오는 신비의 소리

기침을 토하듯 울리는 연둣빛 논둑

이슬비 속에서

해마다 줄어드는 쉼터

파란 하늘에 설레임은
황금 파도 물결이 멀리 보이네

어제 울던 개구리는 어디 가고
메뚜기마저 소식 끊었네
새벽에 밤비가 오걸랑
또 하루 먹거리를 걱정하고
저물녘이 돌아오는 안개 사이로
노란 부리 콧잔등에
눈물인지
이슬인지
송글
송글
맺힌 물방울

울어라, 뜸북새여!

공릉천에서 새벽을 열며

동녘엔 먼동이 터 오고
저 멀리 북한산 정수리에서
숨바꼭질하듯 머리를 내밀면
들녘은 온통 잔치판이다.

드렁허리 쫓아 모 포기 사이를 달리는 백로
어느새 긴 부리에 몸부림쳤다.
그래도 요란한 수원청개구리
갤~갤~갤이다.

산왕거미줄에 매달린 참새
까치는 고라니 등에서 털을 뽑고
따스한 봄날에 삵은 무심한 듯 쳐다본다.
뜸부기의 울음 소리에 고향 가는 내 마음
황금 들녘 종달이도 날았다 내려앉고
삭풍이 부는 날 물떼까치 뽕나무 가지 끝에 운다.

칡부엉이 가족은 버드나무 가지에서 졸고
수리부엉이는 높은 절벽에서 굽어보네

흰꼬리(꽁지)수리는 강물 위에 날아
날쌔게 잉어 한 마리 낚아챈다.
물수리도 날 보란 듯이 날아 내려
일타쌍피로 한 발에 한 마리네

제초제에 찌든 논둑
뜸부기 눈물에 살아나고
메뚜기의 힘찬 발길에
덮인 구름이 흩어지네
봄철 농부들의 파란 꿈은
언제나 가을은 풍요를 노래했다.
보름달 아래 춤사위는
징 소리
꽹가리 소리
오색 구름으로 수놓네

뜸북새는 울지 않았다

김건일

사람들 앞에서
도시의 뭇사람들 앞에서
뜸북새는 울지 않았다.

고향 논에서
점심나절과 저녁 무렵을
뜸북뜸북 울어
때를
알려 주던 뜸북새가

때로
갓 심은 모를
엉망으로 밟아 농부의
애를 태우기도 하던 뜸북새

제기동 경동시장에
얼굴이 새카맣게 탄
농부에게 잡혀 와
뜸북새는 울지도 않았다

사람들 앞에서
도시의 뭇사람들 앞에서
뜸북새는 울지도 않고
고향의 먼 하늘만
바라보고 있었다

○ 시평

고향 땅 논에서만 울던 뜸북이가 어느날 우연히 경동시장에서 마주
쳤다.

자유롭게 벼포기를 헤집고 다니면서 메뚜기며 풀씨며 작은 개구리
를 잡아먹고 이른 아침이나 해질녘에 논둑으로 나와서 뜸뜸.... 거리며
암컷을 부르던 그 고향 땅의 뜸부기가 기다란 두 발이 묶인 채 농부에
게 잡혀 와서 팔려 가기만을 기다리는 당시 1960년도의 풍경을 선명
하게 그려내었다.

김건일
1942년 경남 의창 출생
건국대 인문대학 국어국문학과 졸업
1974년 『시문학』지에 등단
시집 : '풀꽃의 연가'(시문학사), '땅따먹기',
        '뜸북새는 울지도 않았다'(도서출판 청학) 등 다수

寂寞江山(적막강산)

백석(白石)

오이밭에 벌배채통이 지는 때는
산에 오면 산 소리
벌에 오면 벌 소리

산에 오면
큰 솔 밭에 뻐꾸기 소리
잔솔 밭에 덜거기 소리

벌로 오면
논두렁에 물닭 소리
갈 밭에 갈새 소리

산으로 오면 산이 들썩 산 소리 속에 나 홀로
벌로 오면 벌이 들썩 벌 소리 속에 나 홀로

정주 동림 구십 여리 긴긴 하로길에
산에 오면 산 소리 벌에 오면 벌 소리
적막 강산에 나는 있노라

출처: 백석 시집에서

• 벌배채 ; 들배추, 야생 배추의 방언

• 통이 지는 때 ; 배추의 속이 실하게 찰 때
• 덜거기 ; 늙은 장끼
• 갈새 ; 개개비, 휘파람샛과의 새
• 정주 동림 백석의 고향은 평안북도 정주군 심천면의 마을이다.

출처: 시어방언사전(이상규 홍기옥 저)

물닭. #"벌로 오면/ 논두렁에 물닭의 소리/갈밭에 갈새 소리"

(백석의 적막강산)

• 물닭
1. 뜸부기는 경상도 방언에서 '물닭'으로 많이 알려진 새, 수계(水鷄)로
   알려지기도 하였다.
   『두공부시언해』의 계칙은 '믌들'이란 표현으로 등장하였으며,『훈몽
   자회』에 계칙은 '믓돍'또는 듬부기라 칭하였고 물에 살지만 가장 닭과
   유사하게 생겨 물닭이라 불렀다.
2. 뜸북새, 비오리 오리과에 딸린 물새
   쇠오리와 비슷한데 좀 크고 부리는 뾰족하며 날개는 자주색이 많아
   오색이 찬란하다.
   원앙처럼 암수가 함께 놀고 주로 물가나 호수가에서 물고기·개구리·
   곤충류 따위를 잡아먹는다.

나는 가려네

김광남(1966년)

그리운 정든 고향 나는 가려네
못 믿을 정든님을 찾아가려네
두견새 슬피 우는 고개를 넘어
정답게 노래하는 외나무 다리
꽃피는 정든 고향 나는 가려네
나는 가려네

꽃피는 세월 속에 맹서한 사랑
그 사랑 잊지 못해 나는 가려네
뜸북새 혼자 우는 논길을 넘어
지금도 변함없을 외나무 다리
옛일을 더듬어서 나는 가려네
나는 가려네

○ 시평

1960년대에는 집집마다 형제들도 많았다. 한지붕 아래 초등학교에서 책도 물려받던 시절, 초가 지붕 아래 오순도순 한가족이 모여 살던 고향을 연상케 한다. 소꿉장난하던 친구들, 좁은 계곡에 놓인 외나무 다리, 다락논이 층층이 내리던 물꼬 아래에서 미꾸라지 잡던 고향…….

그리움이 뭉게뭉게 피어나는 향수에 시인의 감성이 잘 녹아 있다.

鴨川(압천)

정지용

鴨川 十里ㅅ벌에
해는 저물어…… 저물어……

날이 날마다 님 보내기
목이 자졌다…… 여울 물 소리……

찬 모래알 쥐여 짜는 찬 사람의 마음,
쥐여 짜라. 바시여라. 시언치도 않어라.

역구출 욱어진 고금자리
뜸북이 홀어멈 울음 울고,

제비 한쌍 떠ㅅ다,
비마지 춤을 추어.

수박 냄새 품어오는 저녁 물바람.
오랑쥬 껍질 씹는 젊은 나그네의 시름.

鴨川 十里ㅅ벌에
해는 저물어…… 저물어……

○ 감상

이 작품은 나그네의 시름에 대해 이야기하고 있다. '압천'과 '해가 저물 무렵'은 소멸과 애상의 이미지를 환기시키고 '뜸북이 울음'과 '저녁 물바람'은 쓸쓸하고 정적인 향수를 그리며 공간적 배경으로 외로움과 고독감을 젊은 나그네를 통해 표출하고 있다.

압천은 교토 시내를 흐르는 가모가와(鴨川)를 말하고 '압천'을 배경으로 아름다움을 나타내는 작품이라 할 수 있다. 압천 십릿벌, 압천은 여기서 일본이라는 것을 알 수 있고 해 저물녘에 님을 그리며 여울 물 소리와 울음 소리가 함께 들리는 듯하다. 머나먼 타국 압천에서 하염없이 고향을 그리워하는 화자가 연상된다.

정지용

정지용 시에는 향수 · 압천 · 이른봄 · 아침 · 바다 등이 있고, 시집에는 정지용 시집이 있다.

정지용은 1902년 5월15일 충북 옥천군 옥천면 하계리 40번지에서 약종상 하는 아버지 정태국과 어머니 정미하의 장남으로 태어났다.

정지용은 옥천공립보통학교(현재의 죽향초등학교)를 거쳐휘문고등보통학교를 졸업했으며 대학은 일본의 도시샤대학 문학부학사로 졸업했다.

모교인 휘문고등학교와 고향인 옥천역 마당에 시비가 있다.

귀촉도(정주에게 주는 시)

오장환(吳章煥, 시인)

파촉으로 가는 길은

서역 삼만리.

뜸부기 울음 우는 논두렁의 어둔 밤에서

길라래비 날려 보는 외방 젊은이,

가슴에 깃든 꿈은 나래 접고 기다리는가.

흙먼지 자욱히 이는 장거리에

허리끈 끄르고, 대님 끄르고, 끝끝내 옷고름 떼고,

어두컴컴한 방구석에 혼자 앉아서

창 너머 뜨는 달, 상현달 바라다보면 물결은 이랑이랑

먼 바다의 향기를 품고,

파촉의 인주빛 노을은, 차차로 더워지는 눈시울 안에

풀섶마다 소해자의 관들이 널려 있는 뙤의 땅에는,

너를 기다리는 일금 칠십원야의 샐러리와 죄그만 STOOL이 하나

집을 떠나고, 권속마저 뿌리어치고,

장안 술 하룻밤에 마시려 해도

그거사 안 되지라요, 그거사 안 되지라요.

파촉으로 가는 길은

서역 하늘 밑.

둘러보는 네 웃음은 용천병의 꽃피는 울음
굳이 서서 웃는 검은 하늘에
상기도, 날지 않는 너의 꿈은 새벽별 모양,
아 새벽별 모양, 빤작일 수 있는 것일까.

(1941년 작,「귀촉도」전문)

- 길라래비 ; 잠자리
- 소해자 ; 어린 아이
- 제목의 부제에 '정주에게 주는 시'라고 쓰여 있는
  것으로 보아 시인이 서정주에게 주는 시다.

○ 감상

조국을 떠나 만주에서 지내던 친구 서정주를 찾아가, 그를 만난 상황이 그려져 있다.

첫 연의 '파촉으로 가는 길은/서역 삼만리'는 서정주의 같은 제목의 귀촉도에 '진달래 꽃비 오는 서역 삼만 리'와 '다시 오진 못하는 파촉 삼만 리'로 옮겨져 있는 것으로 보아, 나중에 돌려준 그의 답시로 보인다.

출처: 오장환문학관

오장환
출생 : 1918년 5월 5일 충청북도 보은- 사망 1951년
학력 : 메이지대학교전문부
데뷔 : 1933년 시 '목욕간'
경력 : 문학 대중화운동위원회 위원
       1946년 조선문학가동맹
       1937년 자오선 동인
       시인부락 동인

천적

어느 학자는 지구촌에서 사람이 가장 무서운 파괴자임과 동시에 가장 따뜻한 보호자라고 했다.

원래 사람들은 개인에서 가족 단위로, 가족에서 마을로, 마을이 지역을 형성하고, 한 지역이 나아가 하나의 국가로 형성되면서 서로가 동등하게 살아갈 방법을 모색하던 중 이에 따른 공통된 약속이 규제요, 법이 되었다.

지구촌의 모든 동물은 각자 살아가는 방식이 있고 필요 조건이 있는 것이다. 그 방식과 조건에 심한 간섭이 되어서는 아니 된다. 간섭이 심할수록 한 종류가 지구촌에서 영원히 사라져 버리기 때문이다. 인간만이 살아갈 곳은 없다. 각 종류의 동식물이 고르게 살아가는 본질에 따라 생존 환경이 조성되었기 때문이다.

한 종류가 사라짐으로써 환경의 한 조건이 파괴되는 필요 불충분 조건이 형성되는 것이다.

그러므로 지구촌의 어떤 종(種)도 귀하지 않는 종(種)이 없다.

천한 종(種)도 없고 귀한 종(種)도 없으며 더구나 핍박받아야 할 종(種)은 더욱 없다.

지구촌에서 동물들은 바다와 육지에서 종(種)마다 살아가는 방식이 제각기 다르지만 함께 살아가는 방법을 찾아야 한다.

새들은 새들의 역할과 영역이 있었던 것이며, 곤충들은 곤충들의 역

풀이 무성하던 논둑에 제초제가 뿌려진 지 3주째, 비가 오고 난 다음 나타난 뜸부기

할이 따로 있어서 각자의 영역 속에 역할을 충실하였기에 사람들도 살아가는 조건이 여기에 충족되었던 것이다.

지금 우리의 들녘에서 노래하는 뜸부기는 여기가 고향이다.

농촌에서 나고 자라고 봄·여름·가을을 보내고 겨울 한 철의 추위를 피해 잠시 떠나지만 뜸부기의 고향은 우리 농촌의 들녘이다.

그들의 조상들이 삶을 영위하던 장소가 농촌의 들녘으로 자자손손 대를 이어 오늘날까지 같은 생활은 반복하고 살아가는 동안 한 시도 고향을 잊어 본 적 없이 살아왔건만 나날이 변해가는 고향의 변모에 더 이상 적응하지 못하고 사라지려 한다.

논둑에는 풀이 조금만 자라도 제초제가 뿌려져 봄·여름 할 것 없이 논둑에 푸른 풀은 성장하기도 힘들었다. 또한 논둑이 가파르고 넓은 곳은 수년간 사람의 손길이 없어 억센 풀만 무성하여 도저히 그들이 살아

갈 수 없는 조건이 되어 버렸다.

수시로 제초제를 뿌린 논둑은 여름 내내 풀 한 포기 없는 민둥 논둑으로, 천적으로부터 보호받을 장소도 없다.

농촌에는 젊은이들이 거의 도회지로 떠나고 연세 드신 어른들만 계시다가 한 분 한 분이 세상을 등지면 남은 것은 애완용 고양이나 개들이다. 지금 그들이 먹을 것을 찾아 들녘으로 돌아다니면서 뭇생명들을 공포의 도가니로 몰아넣고 있다.

1. 들고양이

포복하듯 다가가서 멧비둘기를 사냥한 들고양이

고양이는 자신의 영역을 만들어가는 듯 다른 고양이가 오면 싸워서 쫓아내고 수명이 다하여 죽으면 다른 고양이가 그 장소를 점령했다.

고양이는 나무도 잘 타고 다니면서 둥지 안에 있는 새알과 새끼 5~6마리도 순식간에 먹었으며, 땅에서는 소리없이 다니면서 청딱다구리 유조가 나무 밑에 개미 집을 찾아 나선형으로 내려오면 고양이는 얼른 나무 밑에 다가가서 가만히 기다린다.

경험 없는 청딱다구리 어린 새끼는 '끼욱끼욱' 소리내며 나선형으로 내려오다가 나무 밑에 도사리고 있던 고양이의 밥이 되었다.

날카로운 발톱을 이용하여 나무 위로 올라가서 호랑지빠귀 둥지를 습격하여 새끼들을 모두 먹어치우고, 풀씨를 찾아 먹는 멧비둘기에게 살금살금 다가가더니 훌쩍 뛰어 날아오르는 새를 잡아채어 목을 물고 무성한 넝쿨 속으로 사라졌다.

또한 다람쥐가 도토리를 물고 들어간 굴 옆에서 한참 동안이나 움직이지 않고 꼬리를 좌우로 흔들며 기다렸다가 다람쥐가 머리를 내미는 순간 앞발로 치면서 누르며 목을 물고 배수로 구멍으로 들어갔다.

또한 고양이들은 들과 산을 누비며 나무 위에는 멧비둘기·지빠귀 둥지·딱따구리 구멍에 앞발을 넣어 둥지를 털었고, 풀숲에서는 꿩·다람쥐·뱀·개구리까지 사냥하는 무적의 최상위 포식자가 되었다.

＊천적(天敵 ; natural enemy)
특정한 다른 생물을 주요 먹이로 삼거나 이익을 취하기 위해 죽이는 우세한 생물이 있을 경우, 잡아먹히는 생물에 대하여 잡아먹는 생물을 이르는 말.

2. 들개

쇠부엉이를 기다리던 날, 공릉천 체육공원 앞의 들개 무리

농촌에는 고령이 된 분들이 남아 농사를 짓는 경우가 대부분이었다. 그분들이 고령으로 병원에 입원하거나 돌아가시면서 집은 폐가로 전락되고, 기르던 개는 먹이를 찾아 들로 산으로 굶주림을 면하고자 사냥을 하게 된다.

주인 없는 집에 남아 있다가 배가 고프니 3~4마리가 무리로 들로 다니면서 풀숲의 새알이나 날지 못하는 어린 새끼를 먹이로 삼았으며, 개구리나 뱀을 잡아먹고 고라니·너구리까지 예사롭게 공격 대상이 되었다.

심지어 어린 아이나 노약자까지 공격하는 무적의 맹견이 되어 들녘을 주름잡았다.

3. 기타 천적

농촌 습지 주변에 무자치, 유혈목이, 누룩뱀, 구렁이 등의 뱀들이 서식한다. 이 뱀들은 쥐도 잡아먹지만 땅바닥이나 수초 위에 둥지를 트는 물닭, 쇠물닭, 뜸부기 둥지를 어미가 없는 틈을 타 공격하여 알이나 이제 막 태어난 새끼들이 희생되었다. 그외에도 천적은 족제비·너구리도 한몫을 하였는데 이들은 알을 물어서 깨어 속을 깨끗이 핥아서 먹었다. 왜가리와 중대백로도 무심히 가까이 다가오는 어린 새끼를 한입에 먹어치우거나 물고 날아갔다.

4. 생태계 질서 붕괴 및 감소 원인

제초제로 노랗게 말라가는 논둑을 보면 마치 늦가을 논둑을 연상하게 되고 거듭되는 제초제에 결국 풀 한 포기 자라지 않는 민둥 논둑이 된다.

살충제를 뿌려 벌레 한 마리 볼 수 없는 그 속에 서서 깃털을 고르는 뜸부기, 논바닥에서 굶주림을 참고 견디면 마침내 살충제 효과가 떨어져서 주변에서 벌레들이 몰려올 때쯤이면 또다시 살충제로 벌레 소탕에 들어간다. 먹어야 살기에 살충제에도 살아남은 강한 녀석을 뜸부기가 덥석 잡아 삼키니 중독을 면할 길이 없다.

또한 전문가들은 논 습지의 매립과 비닐하우스, 농수로의 콘크리트 수로 형성, 아프리카 돼지열병으로 인한 항공 방제, 조류독감에 따른 철새 도래지 방제, 논둑의 제초제, 무논의 살충제 살포 등으로 먹이 감소와 서식 환경이 크게 나빠지면서 생태계 훼손으로 인한 뜸부기의 감소의 또 다른 원인으로 지적하고 있다.

5. 지금의 공릉천은?

수도권에서 유일하게 뜸부기 탐조 장소인 공릉천 주변 농경지가 지금 심각하게 훼손되고 있다.

가. 농업 경작법의 변화와 지방도의 신설에 지형이 바뀌었다.

- 어느날 갑자기 객토를 실은 트럭이 드나들며 논에다 1m 이상 복토를 하더니 논이 밭으로 바뀌었다.
- 밭 주변을 파란 철망 울타리를 치고 농로 가까운 곳은 농막을 설치하고 주변에는 꽃과 나무를 심고 관리인이 상주하였다.
- 수로를 직각형 콘크리트로 설치하고 대단지 비닐하우스를 조성하여 뜸부기의 생활 환경이 완전히 바뀌었다.
- 4~5년이 걸리는 하천 제방의 폭을 넓히는 공사로 인해서 일부 논의 잠식과 대형 트럭의 출현으로 삵과 벼메뚜기·참개구리·산왕거미 등의 모든 동물들이 사라지고 푸른 사막화로 변했다.

천연 기념물의 서식지인 이 들녘 논이 농막과 비닐하우스로 덮이고 그것도 모자라 넓은 농토를 가로지르는 수도권 외곽순환도로가 건설되고 있다.

나. 하천의 오염은 심각했다.

제방 아래로 건설 폐기물(콘크리트 부스러기, 폐건축 자재, 유리 부스러기 등)이 쏟아져 있는가 하면, 생활 쓰레기(공장 및 사무실 집기류, 플라스틱 통, 스티로폼, 폐 유자망 등)가 갈대 사이에 널브러져 갯벌에 반쯤 묻혀 있다.

농막으로 연결된 농수로 옆 전봇대의 전선에는 어느 낚시꾼이 걸어놓은 여러 개의 낚싯바늘, 그 바늘에 말뚱가리로 보이는 사체가 걸려 바람에 흔들거리고 있었다.

뜸부기 탐조 지역

철원 평야

철원은 여러 번의 탐조에도 뜸부기 발견은 어려웠다.

철원평야는 군사분계선에 근접하여 그 지역 농민이 아닌 일반 민간인의 접근성이 쉽지 않아 탐조 활동에는 적합하지 않았다.

천수만

천수만 농경지는 넓어서 먼 거리에서 관찰하기가 쉽지 않았고 또한 철새 보호라는 명제하에 관망대를 설치하여 뜸부기가 눈앞에 날아오기만을 기다려야 하는 장소로, 농로도 통제하여 조류 관찰에는 전혀 도움이 되지 않았다.

공릉천

공릉천 주변의 농경지는 자유로운 관찰 지역이지만 농경지 중앙으로 수도권 외곽순환도로 공사와 제방의 길이 하이킹 및 자전거 길로 만드는 대대적인 공사가 진행되어 4~5쌍이 날아오던 뜸부기를 찾아볼 수 없을 만큼 황폐해졌다.

그래도, 해마다 뜸부기를 관찰할 수 있는 곳은 오직 공릉천 주변 농경지뿐이었다.

뜸부기의 보호 및 환경 개선

뜸부기 수컷

뜸부기 암컷

1. 근현대의 뜸부기 현황

뜸부기는 무분별한 남획으로 1980년대를 거치면서 그 수가 급격하게 줄었고 1990년대에 이르면서 거의 자취를 감추었다.

이때의 신문 기사를 살펴보면, 지난날 농가에서 뜸부기를 길러서 큰 소득을 올리고 있다는 농민들의 이야기를 종종 엿볼 수 있었다.

1970년대에 너무나 흔했던 뜸부기가 1980년대에는 약용 또는 보신 용이라는 근거없는 낭설과 미명으로 무차별 남획되어 사육장으로 가거나 매매되어 갔다.

뜸부기는 사육하기 까다로워 농장에서 대량으로 기를 수도 없었다.

이에 뜸부기의 수요가 많아지면서 값이 오르자 일부 농민들이 논 주변에 흔했던 쇠물닭이나 물닭을 사로잡거나 둥지에서 알을 훔쳐 부화시켜서 농장에서 기르며 판매했다.

당시 한창 농가에서 사육 붐이 일어나던 시절에 일부 사육자나 소비자는 뜸부기와 쇠물닭과 물닭을 구별하지 못하는 경우가 많아서 뜸부기가 아닌 쇠물닭이나 물닭을 뜸부기로 잘못 알고 매매되기도 하였다.

무분별한 남획이 계속되는 가운데 뜸부기의 숫자는 기하급수로 줄어들었고 1990년대 초에는 급기야 우리 농촌에서 멸종설까지 나왔다.

1997년도에는 전남 구례 들녘에서 한 농부에 의하여 우연히 발견되면서 방송국에서 기획 방송까지 하게 되었고, 이에 전국에서 뜸부기 수컷 한 마리만 나타나도 온 메스콤에 요란하게 등장하는 존재가 되어 소중한 농촌의 일원으로 부각되었다.

하지만 농촌은 농토의 변화가 급속하게 변경을 거듭하면서 더욱 서식에 어려움을 가중시켰다.

천연 기념물 제446호로 지정하여 보호한다고 하지만 농촌의 변화로 한계에 봉착하여 진전된 보호에는 쉽지 않는 미래의 한 과정으로 남아 있는 실정이다.

현재의 뜸부기 서식지인 공릉천 주변 농토(논)의 열악한 환경 변화를 살펴보면,

첫째, 농수로 정비 사업이다.

수직형의 높은 콘크리트 수로 구조물 형성으로 유조의 이동 경로를 차단하였을 뿐만 아니라 추락시 생존 확률이 없다(어린 개체들의 농수

로 추락시 빠져나갈 길의 개선이 시급함).

둘째, 하천 정비 및 문화 사업이다.

콘크리트 제방 공사, 습지 매몰, 놀이공원 및 하이킹 혹은 산책로 조성 등 서식지 훼손이다.

셋째, 도시화에 따른 서식지 감소이다.

도로 건설, 아파트 건립, 공장 설립 등으로 농경지가 감소되었다.

넷째, 토지 형질 변경에 따른 환경 변화이다.

논을 1m 이상 복토하여 밭으로 만들거나 비닐하우스, 농막 설치에 따른 환경 변화이다.

다섯째, 무분별한 농약 사용으로 생태계가 붕괴되었다.

풍부하던 곤충 및 파충류, 민물 어류 등이 농약 및 하천의 오염으로 서식이 심각한 수준이다(벼메뚜기, 무당거미, 개구리류, 버들치 등이 사라졌다).

뜸부기는 IUCN 적색 목록에서는 가장 낮은 단계인 관심 대상(LC) 종으로 평가하고 있어서 세계적으로는 멸종 위기종이라고 볼 수는 없지만 황새(충북 음성군)의 전례를 되돌아보며 소중한 우리의 농촌을 설계하였으면 한다.

함께 가는 길

뜸부기는 습지의 부들밭이나 풀밭 사이를 쉽게 다닐 수 있도록 날씬한 체형이며, 먼 장거리를 비행하여 정착하였지만 여간해서는 잘 날지 않고 무논이나 습지로 이동한다. 침입자가 나타났을 때와 도망치다가 막다른 구역이 아니면 잘 날지 않는다.

뜸부기는 희귀한 새라는 사실 외에도 매끈하고 신사적인 몸매를 가졌으며 어느 새들보다도 귀티가 흐르는 매력적인 새다.

늪지나 논, 특히 이른 모내기를 마친 다음 모가 뿌리를 내린 뒤, 즉 먼저 모내기한 논에 모가 거뭇해질 무렵 날아온다.

논에서 벼포기를 모아 접어서 둥지를 만들거나 부근의 풀밭에서 풀줄기로 둥지를 만들어 6~7월에 한배에 5~10개 내외로 알을 낳아 부화한다.

식성은 잡식성으로 올챙이 · 달팽이 · 메뚜기 · 거미 등 곤충류와 수서동물과 여린 풀잎과 풀씨도 즐겨 먹는다.

노랫소리는 특이하여 기침을 하듯 목구멍을 울리는 듯한 "콩콩콩…" 소리로 상당히 먼곳까지 퍼져 나가며, 먼 듯 가까운 듯 울림을 토하는 듯한 신비스런 소리는 듣는 이들로 하여금 아련한 상상의 나래 속에 빠져들게 한다.

머나먼 지난 세월에 할아버지의 할아버지 적부터 애환을 함께 해온 뜸부기란 정다운 이름, 논감자 캐고 모 심는 날은 언제나 논둑에서 기다렸다는 듯이 나타나 풍년을 노래했다.

벼 몇 포기를 축내도 찾아와 깃든 것만으로 가을의 풍년을 예견하며 함께 살아온 세월, 농부들은 그들이 찾아와 벼 4~5포기를 먹어 치워도 별로 노여워하지 않았다.

그렇기 때문에 논을 매다가 뜸부기가 보여도 오히려 못 본 척하고 그냥 지나갔던 것이다.

감소 원인과 대책

뜸부기는 일반 조류에 비해 우리의 농토에 찾아오는 개체 수가 해마다 줄어들고 있다.

작년에 비하여 올해는 형편없이 적은 숫자가 날아온 듯하고 3~4년 전 20여 마리가 이논 저논에서 짝을 찾아 사랑의 노래를 불렀는데 금년에는 5~6마리만 눈에 띈다.

자신의 영역을 지키기 위해 목숨을 건 사투도 마다하지 않는 뜸부기는 사람들의 눈에 힘이 왕성한 수컷으로 보였을 것이고 그것을 먹으면 사람도 왕성한 남성의 매력을 발산할 것이라는 일부 몰지각한 사람들의 생각이 뜸부기를 멸종 위기로 몰아갔다.

하지만 뜸부기가 줄어드는 데는 몇 가지 결정적인 원인과 이유가 더 있었다.

● 대책 : 친환경 농법 및 천적 개발 연구 사업으로 건강한 식단만이 동행의 길이다.

첫째는 살충제 근절 및 대체 농법 개발로 달팽이 · 개구리 · 메뚜기 · 거미 · 잠자리 · 물방개 등 뭇생명체가 살아나야 건강한 농사인 것이다.

둘째는 제초제 살포 근절이다.

논둑과 농로의 좌우까지 풀 한 포기 자라지 않는 민둥 논둑이 되지 않도록 하고, 풀이 한쪽은 자라나고 한쪽은 깎거나 하여 늘 쾌적한 장소가 되도록 해야 한다.

● **대책 : 삶의 은신처 복원 사업으로 서식 환경의 최적화에 있다.**

세번째는 농토의 형질 변경의 남발이다. 넓은 논을 해마다 복토하여 밭이나 비닐하우스를 만들고, 심지어 농막을 설치하여 주변에 자갈을 넓게 깔아 농토로서의 기능을 상실한 경우이다.

또한 한두 해 운영하다 말아 폐농으로 흉물스러운 철골, 무성한 잡초 사이에 너풀거리는 폐비닐, 수년째 방치된 농기구 등도 문제이다.

● **대책 : 농지의 복원사업, 절대농지의 지정 및 농민
　　　　지원 사업이 수반되어야 한다.**

네번째, 잘못된 콘크리트 농수로 정비사업이다.

사방으로 뻗어 있는 잘 정비된 농수로인 콘크리트로 만든 수직으로 된 구조물로 인해 생태계에는 매우 열악한 환경이 되었다.

특히 물과 콘크리트 벽의 수직적인 높이로 인해 조류의 어린 개체와 곤충 및 파충류는 한번 빠지면 절대 살아나올 수 없기 때문이다.

● **대책 : 이들이 밖으로 빠져나갈 수 있도록 얕은 경사에 미끄럽
　　　　지 않게 촘촘한 계단 같은 길을 일정한 간격으로 만들어
　　　　두면 문제는 쉽게 해결된다.**

다섯 번째, 농촌에 버려진 고양이들의 난횡이다.

야생 고양이의 수명이 5년이라고 하나, 중성화가 안 된 고양이가 많아서 배수로나 나무를 정비하고 묶어서 쌓아둔 나뭇단 틈 사이 같은 곳

에서 번식을 하여, 시골이나 도시 공원에서 고양이가 최상위 포식자로 영역이 미치지 않는 곳이 없다.

약한 어린 새끼나 동물 등이 풀씨를 먹거나 메뚜기를 잡으려고 집중할 때 고양이과는 소리없이 접근이 가능하여, 뛰어서 앞발로 껴안고 넘어지면서 목을 물고 배수로 구멍으로 들어가거나 풀숲으로 숨어들어서 전리품을 해결하였다.

또한 고양이는 나무도 잘 타서 나뭇가지 사이를 능숙하게 건너뛰면서 새들의 둥지를 공격하여 알이나 새끼들을 남김없이 먹어치우는 등, 이제는 상위 포식자가 없을 만큼 무적의 방랑자가 되었다.

● **대책 : 들고양이는 포획과 중성화 수술과 지속적인 관심만이 농촌과 도시 공원의 최적 환경 건설이다.**

여섯 번째, 건축물의 환경 구조이다.

최근의 건축물은 유리벽이 많아서 이를 감지하지 못한 새들이 유리창에 부딛쳐 목이 부러지거나 전신의 골절로 치명적인 상해를 입고 있으며, 도로 옆의 유리로 된 방음벽도 치명상에 일조를 하므로 전체적인 점검이 필요하다.

또한 유리벽은 빛의 반사로 인해 동식물들에게 치명적인 영향이 미친다는 것을 학자들이 발표한 바도 있어 귀추가 주목된다.

● **대책 : 이로운 것이 있다면 또 해로운 것은 있을 터, 면밀히 저울질을 해 보아야 옳을 것이다.**

우리 곁을 떠나는 뜸부기

동요 '오빠 생각'으로 유명해진 뜸부기는 뜸부기과의 여름 철새로 '뜸북 뜸북' 또는 '뜸 뜸 뜸' 하고 우는 수컷의 울음 소리가 특징적이다. 번식기 때 수컷의 소리에 쉽게 발견되어 1970년대까지 전국의 논에 흔했으나 뜸부기가 몸에 좋다는 잘못된 소문이 퍼지면서 무분별하게 남획되어 1980년대에 급감했고 1990년대는 거의 자취를 감췄다. 현재 철원, 파주, 서산 등지의 논에서 드물게 발견된다.

분류군	조류
한국명	뜸부기 [Watercock]
학명	Gallicrexcinerea (Gmelin, 1789)
생물학적 분류	문 : 척삭 동물문(Chordata) 강 : 조강(Aves) 목 : 두루미목(Gruiformes) 과 : 뜸부기과(Rallidae) 속 : 뜸부기속(Gallicrex)
지위	환경부 멸종 위기 야생 생물 II급 천연 기념물 제446호 한국 적색 목록 취약(VU) IUCN 적색 목록 관심 대상(LC)

실물의 뜸부기를 본 사람들은 거의 없을 것이다. 도감 속에 간략하게 나오지만 별로 관심도 없다.

하지만 뜸부기는 몰라도 뜸부기가 들어가는 동요 '오빠 생각'을 모르는 사람은 거의 없다.

최순애(崔順愛, 1914~1998년) 여사가 12살이던 1925년에 『어린이』라는 아동 잡지에 발표한 동시가 이 노래의 원작이다. 나중에 작곡가 박태준(朴泰俊, 1900~1986년) 선생이 곡을 붙이면서 일제 강점기 때부터 온 국민이 즐겨 부르는 동요로 우리의 정서가 흐르게 되었다.

이제 겨우 서울 근교 파주 공릉천 주변 논에서 좀 쉽게 구경할 수 있으려나 했는데 개발이란 명목으로 또다시 뜸부기들의 터전은 소리없이 메꾸어져 가고 있었다.

6월에는 공릉천 대흥동 주변 논과 갈현동 주변 논에서 너무도 쉽게 노랫소릴 들을 수 있었고 2015년부터 2019년까지 해마다 노랫소리 숫자가 늘어났었다.

그랬는데 제방 공사 시작부터 점점 줄어들더니 수도권 외곽순환도로 공사가 시작되고부터 금년 2025년 6월은 첫째 주에 수컷 한 마리만 보였고 그 이후에도 탐조 가는 이는 많았으나 개인 블로그든 카페든 보았다는 이가 없다.

뜸부기는 사랑 노래에 목숨을 건다

우리나라 뜸부기의 한해살이는 5월 중순부터 시작되었다.

도착 후 수컷은 번식깃으로 변화하는 과정으로 액판도 조금 솟고 머리부터 까맣게 물들어 가는 흔적이 뚜렷이 나타났다.

5월 말이면 거의 변화하여 화려한 깃으로 갈아입었으며, 6월 초부터 번식기가 되면 수컷은 자신의 영역을 지키고 암컷을 부르기 위해 온몸의 깃털을 세우고 "뜸북, 뜸북" 또는 "뜸 뜸 뜸" 하며 혼신으로 노래를 부른다. 수컷은 자신의 모든 것을 걸고 두려움보다 번식에 목숨을 걸고 사랑의 노래를 불렀던 것이었다.

그 노랫소리에 의해 자신의 위치가 노출되어 삵이나 맹금류에 의하여 언제 공격을 받을지도 모를 텐데, 일념으로 사랑의 노래를 불렀다.

수컷의 모습은 늘 이마와 정수리에 있는 빨간 액판이 특히 눈에 잘 띄었다. 부리는 노랗고 발가락은 길고 온몸이 불에 그을린 듯 검어서 은신이 쉽지 않다. 한마디로 온몸이 적의 표적이 되는 것이다.

그러나 번식기의 수컷은 강인하고 세련된 모습을 보이기 위해 몸은 푸른빛을 띠는 검은색으로 변하고 다리는 붉은색을 띤다. 무엇보다 머리의 액판(額板, frontalshield)이 부풀어올라 선명한 붉은색을 띠고, 머리 위로 불쑥 솟은 모습은 수탉의 볏을 닮아 뜸부기의 영어 이름도 '물에 사는 수탉'이라는 뜻의 워터콕(Watercock)이다.

이처럼 새들은 암컷과 수컷이 새끼를 낳기 위해 만나는 번식기에는 수컷이 화려한 번식깃으로 바뀌는 경우가 많다. 화려한 깃털은 포식자의 눈에 잘 띄어 위험에 빠질 수 있지만, 다른 수컷들보다 건강하고 우수한 유전자를 가지고 있음을 뽐내어 암컷의 선택을 받으려는 생물학적인 전략이다.

하지만 늘 그런 멋쟁이는 아니다.

비번식기에는 수컷도 암컷과 아주 흡사하여 자주 접한 전문가가 아니라면 거의 구분이 어렵다.

암컷과 짝을 맺어 새끼를 다 키우고 나면 수컷은 다시 주변 환경과 비슷한 본래의 모습으로 깃털갈이를 한다. 화려했던 붉은 액판도 흔적만 남기고 사라진다.

뜸부기의 삶

아시아의 열대 및 온대 지역에 분포한다. 우리나라를 비롯해 인도·중국·일본·필리핀 등지에서 번식하고 동남아시아에서 겨울을 난다. 동남아시아에서는 텃새로 연중 서식하기도 한다. 과거 우리나라에서 여름 철새로 흔하게 관찰되었으나 지금은 매우 드물다. 국내에는 강원도 철원평야, 경기도 파주, 충청남도 서산 천수만 등 벼농사 지역에서 주로 발견된다.

논과 논 주변의 구릉에서 살면서 주로 아침과 저녁에 활발하게 활동하고 낮에는 숨어서 지낸다. 작은 곤충이나 물고기, 개구리 등의 동물성 먹이는 물론이고 열매나 씨앗 등 식물성 먹이도 먹는다.

과거의 관찰 기록을 볼 때 뜸부기는 5월 중순에 우리나라에 도착해서 6월 중순에 짝짓기와 번식을 시작해 10월 초면 대부분 월동지로 떠나는 것이다. 드물게 12월에 관찰된 기록도 있지만 아마도 월동지로 떠나지 못하고 낙오한 개체로 보인다.

그리고 비번식기가 되면 수컷은 새로운 깃털로 털갈이를 한 후 추위를 피하여 머나먼 여행을 하게 된다.

뜸부기의 수난기

국제자연보전연맹(IUCN[15]) 적색 목록에서는 뜸부기를 가장 낮은

---

15) IUCN : International Union for Conservation of Nature and Natural Resources(국제 자연보호연맹)

단계인 관심 대상(LC) 종으로 평가하고 있어서 세계적으로는 멸종 위기종이라고 볼 수 없다. 그렇다면 우리나라에서 희귀해진 이유는 뭘까?

뜸부기 수컷의 비상

뜸부기는 1970년대까지만 해도 흔했으나 이 무렵에 사람들이 식용하기 위해서 무분별하게 남획하기 시작했다. 1980년대에 그 수가 크게 줄었고 1990년대에 이르러 거의 자취를 감춘다.

1970~1980년대 신문 기사를 살펴보면 뜸부기를 길러 큰 소득을 올리는 농민 이야기를 종종 볼 수 있다.

1980년대에 뜸부기는 이미 수가 많이 줄었고 사육하기도 까다로워 농장에서 대량으로 기를 수 없었다. 하지만 뜸부기를 찾는 사람이 많아지면서 값이 오르자 일부 농민들이 논 주변에 흔했던 쇠물닭이나 물닭을 사로잡거나 둥지에서 알을 훔쳐 부화시켜서 농장에서 기르며 판매했다.

한동안 무분별한 남획을 시초로 하천 정비와 농지 변경(논을 밭으로 바꿈)에 따른 재배 방법 변경(하우스 재배) 등 현대화에 밀려 서식지 감소, 농약 사용으로 인한 먹이 감소 등도 뜸부기가 사라진 주요한 원인이다. 특히 철새 도래지로 유명한 서산 천수만은 뜸부기가 매년 규칙

적으로 도래하는 중요한 번식지였으나 최근 간척지가 본격적으로 개
발되면서 점차 보기 어려워졌다.

파주시의 뜸부기 도래지인 공릉천 주변 지역과 통일전망대 위쪽 지
역부터 장산리까지도 그 많던 논이 밭으로 바뀌어서 무척 심각한 상황
이다. 도로가 논을 가로지르며 인터체인지까지 생겨서 황금 들녘의 절
반이라 해도 과언이 아닐 정도로 서식지가 파괴되어 불행하게도 넓은
논이 사라져 갔다.

파주시에 있는 하천의 제방들이 자전거 길이나 도로로 개발되어 사람
들이 많이 왕래하게 됨으로 해서 뜸부기가 머물고 싶지 않은 환경으로
바뀌어 버렸으니 겁이 많은 뜸부기들의 서식이 가능할지……?

다시 등장하리란 보장도 없다. 노래 속에서만 등장하는 새로 기억되
지 않도록 사람들의 관심과 보호 노력이 절실하게 필요하다.

한국의 멸종 위기 야생 생물

멸종 위기 야생 생물은 자연적 또는 인위적 절종 위협 요인으로 인하
여 개체 수가 현격히 감소하거나 소수만 남아 있어 가까운 장래에 절멸
될 위기에 처해 있는 야생 생물을 말한다.

멸종 위기종은 법으로 지정하여 보호 · 관리하는 법정 보호종으로 야
생 생물 I 급과 멸종 위기 야생 생물 II급으로 나누어 지정 관리하고 있다.

아! 사람아!~사람아!

유월은 늘 그렇게 푸르렀고

해마다 찾아온 고향

에서 태어났고 에서 자랐고 에서 교육을 받았다.

이제 막 성장기에 접어들면서 머나먼 길을 나서야 했고,

다음해를 기약해야만 했다.

나의 고향은 춥기만 하다.

여름도 춥고 겨울도 춥다.

논은 푸른 사막으로 먹을것이 없고

논둑은 겨울인 양 마른 풀만 가득

해마다 추위를 피해서 고달픈 인내로 감내했던 여정.

잠시 고향을 등지고 떠난다 해도

반드시 살아 돌아온다는 보장은 없다.

머나먼 바닷길을 훨훨 날다가 바다에 빠지면 그만이다.

베트남이나 필리핀에 도착한다 해도

고향의 사정과 다르지 않기 때문이다.

어찌하여 목숨을 보전하여 돌아온 고향

할아버지의 할아버지가 태어난 곳

어머니의 어머니가 사랑으로 키워 주신 곳

이 강토가 전부요 고향이건만
오늘도 말없이 푸르기만한 하늘
흰 구름은 오두산 위로 둥둥 떠가는데

올해는 웬일인지 서럽다.
언제나 아늑하고 포근하련만 반겨주는 이 하나 없는 쓸쓸한 들녘
모든 환경이 변하여 쉴 곳마저 마땅치 않은 고향
그래서 더욱 서럽다.

아!
사람아!
사람아!

드넓던 논들 사이를 가로질러 왕복 4차선
번개같이 농로를 질주하며 오가는 트럭
불도저는 산같이 쌓인 흙을 골고루 편다.
그나마 남아 있던 논들은
밭이 되고 농막이 되고
비닐하우스로 덮여져 농지가 바뀐 지금
살충제로 개구리 한 마리 남아 있지 않고
논둑은 제초제로 붉게 물들었다.
목욕하던 농수로는 시멘트로……
어디로 갈거나……?

숨을 곳은 수로요 둠벙인데
웃자라 마른 풀이 내 집인데
낚시꾼이 싫다고 연둣빛 철망

가까운 강가 갈대 숲으로 들어가 주변을 살펴보니
온통 쓰레기 투성이다.
폐품 의자며 유리조각이며 플라스틱 통들
고기잡이 그물도 반쯤 뻘에 잠겨 널브러졌는데

오두산 전망대 위로
먹구름이 밀려온다.
한 차례 소나기에
아카시아 꽃잎은 어지러이 날아
뚝방 작은 길이 하얗게 물들었다.

비는 오다가 그치기를 반복하고
이장님네 논둑에서 구슬픈 소리
목은 둥글게 말아올리고
입을 벌리고 고개를 떨군 채 양어깨를 들썩인다.
콧잔등에 물방울이 흘러내린다.
눈물인지
빗물인지……

나그네

– 갈현배수장 출입구 좌측 길옆 의자에서

이보오~ 나그네

좀 쉬어 가소~

담배는 피우지 말고~

길쭉한 2~3인용 의자 앞에는 누군가가 담배를 피우고 던진 꽁초를 발로 부벼 끈 듯 뭉게진 채 버려져 흉한 몰골로 드문드문 보인다.

그냥 피곤한 다리만 쉬게 하면 될 것을……

잠시 머문 장소에 겨우 담배 한 개피 피우고 버린 꽁초에 누군가가 아쉬운 마음에 써 놓은

텅빈 의자

가을이 지나간 듯 빛 바랜 들국화 꽃잎이 서리를 맞아 시들었고, 벚나무 가지에 한두 잎 남은 빨간 단풍이 가을 바람에 흔들리다 살포시 땅

위에 내려앉아 힘겨운 듯 의자에 기대고 가뿐 숨을 내쉬고 있다.

누구나 삶의 행로에서 나그네의 길을 벗어날 수 없다.

계절의 순환 속에 세월이란 모든 것들을 변화시키고 산들바람에는 조금씩, 강풍에는 더욱 빠른 속도로 아무도 모르는 곳을 향해 어디론가 가야만 한다.

쉰다고 시간이 쉬어 가는 것이 아니며, 멈춘다고 멈추어지는 시간이 아니다.

그저 시간이란 굴레 속에 생의 여로를 맡기고 가기만 하는 것이다.

한 줄기 냇물같이 돌부리에 부딪치고 돌아서 피하여 흐르기도 하고 웅덩이가 있으면 머무르기도 하고 땅속으로 스며들기도 하고 넘치면 다시 끊임없이 흘러야 한다.

그 흐름의 속에서 알게 되고 깨닫게 되고 또한 지워지고, 새로운 것을 향해 쉼없이 흘러가야만 하는 그 이름…….

"나그네!"

그 옛날

잠시 잠깐 보았던 고향

지난 여름 애타게 짝을 찾아온 논을 헤집던 뜸부기

혹시나 하고 논둑에서 사랑을 노래하며 기다림 속에 예쁜 격정을 찾은 뜸부기

나는 이 농토가 고향이라네

이 노란 들녘이 고향이라네

온 들녘을 덮은 안개 속에 들국화가 웃는 곳이 고향이라네

'코스모스 지기 전에 가야 할 나는 잠시 쉬어가는 나그네'라네

가슴 속에는 고향을 품고서 오늘도 석양의 논둑 길을 휘적휘적 걷는 나그네라네

붉은 노을이 노오란 들녘을 온통 덮으며 해는 장엄한 천지로 변화시키며 서산을 넘는다.

이 보오~ 나그네!
좀 쉬어 가소
쉬엄 쉬엄 가소

그리 바쁠 것까진 없지 않소
가다가 가다가 눈을 들어 보면
오던 길도 아득하고
돌아봐도 아득히 끝이 없었소
태어난 곳
자라난 곳
언제나 반길 것 같은
떠날 수 없는 산하
나의 숨소리가
계곡
계곡마다 잠이 들고
내 피가 흐르는 들녘에서
가을을 기다리려오

황혼을 맞이하려오
내 고향 들녘에 서서
종달새 노래하고
뜸북새 사랑 찾는……

이보오~ 나그네
고향도 그리며
자취마다 묻은 땀 내음이
그리움을 몰고 가오
좀 쉬어 가소
쉬엄 쉬엄 쉬어 가소!

오! 공릉천

안개 내린 농로(農路)

이른 봄날 온통 하얀 안개가 휘덮여 3~4미터 앞을 볼 수 없을 만큼 자욱하다.

송촌교 옆 버드나무가 몽환 속에 서 있는 듯 아득했다.

황교수님이나 한선생님이나 모두들 자기만의 독특한 영상을 담기에 바빴다.

붉은뺨 멧새가 버드나무 사이로 부지런히 왔다 가고 길가에 앙상한 아카시아 나무 꼭대기에 '때까치'가 째째거렸다.

농로로 내려가서 조금 걸어가면 내가 서 있는 자리만 환하고 앞뒤는 안개로 둘러싸여 아득하니, 인생도 이와 같이 안개 낀 농로 중심에 홀로 서서 앞을 보아도 뒤돌아보아도 보이는 것은 아득한 안개뿐! 가도 가도 안개 속, 꿈만 같은 내가 되어 홀로 섰으리.

앞으로 가면 앞은 열리는데 뒤는 안개로 다시 덮이고 뒤돌아 걸어가면 가던 길이 뒤가 되어 다시 안개 속으로 묻혔다.

정녕 나는 어디로 가는 걸까?

왔던 길은 까마득히 흔적마저 지워지고 알 수 없는 새 길로 꿈꾸듯 길을 가는 나.

안개가 바람이 되어 촉촉이 옷을 적시면 동녘에 솟아오른 해가 달처럼 하얀 모습을 하고 굽어본다.

해를 가리는 운무가 마냥 하늘을 가로지른다.

이른 봄날의 들녘이여!

열려 있을 때 새순에 물방울이 영롱하고 조금씩 농로가 열리는 9시쯤 안개는 서서히 옅어지면서 서서히 산영이 드러나 앞과 뒤가 멀리도 뻗쳐 있다.

서서히 밀려가는 안개에 점점 밝아오는 들녘, 겨우내 말라 누른 잎들이 안개비에 젖어 축축 처진 상태로 논둑을 장식하고 있다.

오라!

버들개지 피는 강아!

양지꽃 피는 논둑에 뜸북이도 울겠지.

공릉천의 불《봄》

이른봄에 갈대는 노랗게 바싹 말라 서 있는 놈, 넘어진 놈 엉망진창이다.

뚝방 아래에서 작은 연기가 나더니 순식간에 불길이 치솟았다. 11시쯤 불이 났는데 오후 2시에는 최고조의 불길이 솟았다.

화광이 악마의 혀처럼 허공을 핥으며 10미터를 일렁일 때 누가 신고했는지 제방 길에 소방차가 와서 대기하고 있었다.

제방 아래는 길도 없고 들어갈 수도 없어서 화마를 제어하기에는 어려운 상황이라 제방 너머로 불이 번지지 않기만을 바라며 대기하고 있었다.

불길이 번지는 장소로 이동하다가 농수로 배수구에서 물이 빠지는 곳에 갈대가 없어서 불은 자동적으로 꺼졌다.

지나간 자리엔 검은 천이 넓게 펼쳐지고 간혹 불씨가 남았는지 하얀 연기가 피어올랐다.

우리는 누가 불을 질렀는지, 저절로 불이 났는지도 모르면서 서로 난리다.

"젠장! 태우려면 위쪽을 조금 더 태우지. 태우다 말어? 태우려는 사람은 간도 작은가 봐. 고거 태우고 태웠다고 할 거야, 바보 아냐?"

황교수님이 맞장구 친다.

"김선생 말이 맞어. 그깟 조금 태우려면 불은 왜 지르나? 그래가지고 불질렀다 할 수 있겠어."

한선생님이 또 맞장구 친다.

"누가 논둑 태우다가 불똥이 갈대밭에 날아들었을 겁니다. 올봄 갈대는 참 파르라니 어디에 사용해도 좋을 겁니다."

"소방차 오기 전에 누가 불 더 지르지. 올봄에 갈대 더 얻고 우리는 종다리와 고라니 등짝에 까치가 털 뽑는 귀한 장면 더 찍을 수가 있을 텐데……."

제각기 한마디씩 하다가 차를 돌려 물수리가 온다는 체육공원 뚝방 길로 갔다.

장대비 내리던 날《여름》

유월의 하늘은 언제나 짓궂다.

이틀이고 삼일이고 지속적으로 비가 온다든가 아니면 수일간 뙤약볕에 논밭이 타들어가서 마을에서 '기우제 지내느니, 단비는 언제 온다느니' 말하게 한다.

어느 토요일, 후둑후둑 빗방울이 떨어지는 여름날!

강남구청 역에서 만나 파주에 있는 송촌배수장 갑문으로 가서 뜸부기를 촬영하던 중에 비가 많이 내려서 차를 몰고 잠시 강 상류로 이동하다가 굴다리 밑에 차를 세워놓고 쉬는데 어디선가 뜸부기 울음 소리가 들렸다.

울음 소리는 들리는데 뜸부기는 보이지 않아서 주변을 샅샅이 살펴보니 숲에 버려진 깡통 위로 물이 떨어지고 있었다. 그 소리가 뜸부기 소리와 너무 흡사해서 우린 서로를 쳐다보고 한껏 웃었다.

"저것이 어떻게 뜸부기 소리와 똑같아? 저놈에게 속아서 뜸부긴 줄 알고 한참 찾았네."

마주 보고 웃으며 차 안에서 쉬고 있다가 심심해서, 물방울 접사하려고 카메라를 들고 있었는데, 마침 비를 졸졸 맞고 있는 흰목물떼새를 보았다.

얼른 망원 렌즈를 장착하고 몇 장을 찍었다. 우연찮은 소득이었다!

소나기는 흰목물떼새 잔등에 솟아져 물방울이 사방에 튀었는데, 견디다 못하여 풀숲으로 뛰어들었다.

빗소리는 요란하고 번개가 치더니 천둥이 뒤따랐다. '번쩍~' 하더니 굴다리 안이 환해졌다가 다시 어두워지면서 하늘이 찢어지는 듯이 엄청난 굉음이 지축을 울렸다.

'사람이 죄를 많이 지으면 저 벼락에 맞아 흔적을 잃으리라!'

몸을 움츠리고 있으니 잠시 후 비가 잦아졌다.

뜸부기는 비온 뒤 개면 언제나 논둑으로 나와서 깃털을 다듬었다.

논둑에 제초제를 많이 뿌려서 풀 한 포기 자라지 않는 곳은 그네들도 알고 있는지 거기엔 머물지 않았다.

어느 날인가, 이장님께 논둑에 제초제는 근절하면 안 되느냐고 물으니, 한 번은 깎고 한 번은 제초제를 뿌린다고 하였다.

한번은 농로를 돌다가 수컷 뜸부기 한 마리가 있어서 열심히 촬영하고 있는데, 작은 수컷 한 마리가 더 나오더니 큰 놈 옆에 나란히 서는 게 아닌가!

5월 29일 토요일 《뜸부기 목욕》

해마다 6월 초에 뜸부기 소리를 들어, 으레 올해도 이번 주 6월 5일경에 오면 만날 수 있으려나 하고 큰 기대는 하지 않았다.

들녘에는 4~5일 먼저 모를 심은 곳도 있고 이제 막 모내기를 끝낸 논도 있었다.

이른봄에 갈아놓은 논에서 뚝새풀과 명아주 풀 사이에서 사랑의 노래를 하던 수컷 뜸부기가 훌쩍 날아올라 모를 먼저 심은 논으로 날아가 논둑에 앉았다.

사방으로 머리를 두리번거리다가 왼쪽 논으로 약 20m쯤 가다가 멈추어 12시 방향으로 몇 발자국 가더니 멈추었다.

그리고 머리를 물속에 넣었다가 머리를 쳐들어 어깨 쪽으로 물이 흐르게 했다.

왼쪽 날개로 물장구 치고 오른쪽 날개로 물장구 치고, 고개를 돌려 왼쪽 날개 깃 다듬고 오른쪽 날개 깃 다듬고, 뒤로 양날개를 교대로 부비기도 하다가 몸을 낮추고 머리를 물속에 넣었다가 위로 쳐들어 물이 등으로 흐르게 했다.

또 양날개로 물장구를 치니 물 위에 하얀 가루 같은 것이 둥둥 떠 다녔다. 목욕이 끝났는지 목욕 전에 날아내렸던 논둑으로 가더니 훌쩍 날아 갈현 들녘으로 날아갔다.

6월 8일 토요일《구애》

휴일이라 파주에 갔다.

갈현 배수장을 지나서 지난날 뜸부기가 잘 나타나던 곳에 당도하니 뜸부기 수컷이 논 중앙의 하우스대 좌측에서 울고 있었다.

황선생님과 차창 밖으로 카메라를 장착하면서 보니 수컷은 한껏 목을 빼어 둥글게 말아 암컷을 부르고 있었다.

조금 후 암컷이 뛰어나와 수컷 옆으로 가니까 수컷은 날개를 늘어뜨리고 구애 행동을 했다.

암컷이 무슨 영문인지 빠르게 논둑으로 가자 수컷이 뒤따랐다.

수컷이 끈기 있게 구애하자 암컷은 '끄악' 소리를 치며 공중으로 날아올랐다.

그 후 몇 차례나 그 장소에 갔지만 뜸부기는 보지 못했고…….

8월 17일 토요일《뜸부기 새끼》1

2019년 8월 17일 오전 9시 40분, 첫 만남이었다.

암컷 한 마리가 논둑에 머리를 쭉 뽑아들고 있기에 흰뺨검둥오리인 줄 알고 지나치려다 카메라로 자세히 들여다보니 이건 뜸부기 암컷이 새끼를 5마리나 데리고 있는 것이 아닌가!

뜸부기가 놀랄까 봐 크게 말도 못하고 기어드는 작은 귓속말과 손짓을 해가며 논둑에 뜸부기가 있음을 알렸다.

한참 촬영하다가 보니까 어미는 불편한지 새끼들을 데리고 논둑으로 더 멀리 가기에 우리는 다른 곳으로 이동하여 한 바퀴 돌고 오니, 또 어미가 가까이 와 있어서 촬영하다가 또 멀어졌다.

두 번째로 도는데 흰 승용차 1대가 뜸부기 발견 지점 농로에 머물러 있는 게 아닌가! 그들도 우리처럼 뜸부기를 촬영하러 온 사람들인 줄 알고 짐짓 당황하였으나 자세하게 쌍안경과 망원렌즈로 확인한 결과 다행히 그 차는 뜸부기를 발견하지 못한 것 같았다.

조금 지체하더니 그 차는 떠나갔다. 다시 우리가 그 장소에 가 보니 아직도 논둑에 있어서 신나게 촬영했다. 어느 순간에, 그들이 눈치챈 것 같다고 두털거리자 마자 그들은 어디론가 사라져 버렸다.

그날은 네 번이나 촬영하고 돌아왔다.

8월 24일 토요일 《뜸부기 새끼》 2

혹시나 그 새끼 병아리를 다시 만날 수 있을까 하고 지난 주의 그 장소로 갔지만 보이지 않았다. 그래도 포기하지 않고 다시 돌아서 빈 논에 피(벼와 비슷한 풀)랑 잡초가 무성하게 많은 장소에서 다행히 그 암컷을 만날 수 있었다.

하지만 새끼 뜸부기는 많이 컸는데 5마리였던 새끼가 3마리는 보이지 않고 2마리만 어미 주변에서 먹이를 찾고 있었다.

"아마도 들고양이가 많아서 그들에게 잡아먹힌 것 같다" 하고 투덜거리며 촬영했다.

자연의 생태 질서는 자연 스스로가 질서를 무너뜨리는 것이 아니라 거의 사람에 의하여 생태계 질서가 무너짐을 한탄했다.

다음을 기약할 수 없었다.

그 어린 뜸부기를 다시 만날 수 있다는 보장은 누구도 할 수 없었다.

그들이 무럭무럭 잘 커서 명년에는 어른 새가 되어 다시 돌아와 주기를 기원하며 우리는 서울로 돌아왔다.

코스모스꽃 한들거리는데《가을》

여름이 지난 초가을 무렵 공릉천에 가 보았다. 벼는 제법 노릇노릇하게 익어가고 송촌 배수 갑문을 열심히 뒤져도 뜸부기는 없었다.

차를 배수로 위 제방 길가에 세워놓고 들녘을 바라보니 노란 황금빛으로 장식한 논이 천혜의 장관이었다.

어릴 적 고향의 들녘을 바라보았을 때 메뚜기를 잡아서 풀해기에 꿰어와서 소죽 끓이던 아궁이 숯불에 구워 먹던 일이 생각났다.

논으로 내려가 농로를 걷다가 논둑에서 벼를 사진으로 담고 농로로 나와 좌우의 논을 배경으로 하여 사진으로 담았다.

제방 전깃줄에 비둘기 조롱이가 10여 마리씩 앉아 깃을 다듬고 간혹 두세 마리는 노오란 들녘을 파도처럼 날으면서 잠자리를 낚아채어 전깃줄로 올라왔다.

차에 올라 연다산배수장을 지나 송촌마을 방면 배수로를 따라가다가 송촌배수장 방면으로 돌았다. 그때였다! 5~6m 오른쪽 2시 방향의 논에서 깃털갈이를 끝낸 듯한 수컷 뜸부기가 머리를 불쑥 차 가까이에서 내밀었다!

암컷 머리와는 다르게 수컷은 빨간 액판을 감싸고 솟았던 털이 뾰족하게 나오고 눈 밑에 있는 진한 갈색 점이 수컷 뜸부기를 구별할 수 있는 유일한 방법이다.

놀라서 얼른 셔터를 눌렀는데 가슴 윗부분만 2~3컷을 담았다. 뜸부기는 눈을 마주치자 놀란 듯 벼포기 속에 들어가더니 한참 기다렸지만 다시는 나오지 않았다.

돌아나오는 농수로 길엔 코스모스가 한들거리고 있었다.

잊혀져 가는 고향, 사라지는 정다움

이번 주 토요일도 어김없이 공릉천으로 향하였다.

사라져 가는 농촌 풍경을 그리며, '오늘은 어느 논둑에 나와서 고향의 노랠 불러 주려나!'

6월 3일, 오늘도 뜸부기를 만나러 간다는 들뜬 마음에 밤을 하얗게 지새우고 새벽 3시에 깨끗한 마음으로 그들을 찾아가야겠다고 샤워를 하고 잠시 방 웃목에 앉아 좋은 만남이 이루어지길 기원했다.

새벽 5시 10분에 나와 강남구청 역에 도착하면 6시 30분, 황교수님과 함께 한선생님의 차를 타고 공릉천을 향해 달렸다. 밤을 세워서인지 잠벌레가 스멀스멀 몰려왔다.

짧은 골덴 바지에 바리캉으로 빡빡 밀어버린 머리에 풀피리 불며 논둑 길을 걷던 유년 시절이었다. 아버진 자투리 논에 모를 심으려고 써레질하시고, 송아지는 어미소를 따라다니다가 심술이 났는지 먼저 모를 심어놓은 논에 들어가 풀쩍풀쩍 뛴다.

할아버지는 논둑에 있는 작은 바위에서 곰방대로 담배를 피우다가 깜짝 놀라 송아지를 쫓아내러 가신다.

어미소는 써레질하다 말고 서서 송아지 쪽을 쳐다보며 "엄무" 하고 부른다. 아버진 답답한 듯 소의 고삐 맨 줄(소이까리)을 넓게 벌렸다가 소 배를 툭 치시며 "이랴 이랴, 이놈의 소야 어서 가자!" 하신다.

할아버지에게 쫓겨난 송아지가 어미 곁에 돌아온다. 어미소는 송아지 등을 몇 번 핥고는 다시 써레질을 했다.

먼저 심어진 거뭇한 작은집 논둑에서 언제 나왔는지 뜸부기가 "뜸뜸" 하고 사랑의 노래로 짝을 부르고 있었다.

갑자기 차가 울컹하기에 깜짝 놀라 눈을 뜨니 벌써 공릉천 송촌배수장을 지나고 있었다.

아침 7시 22분

먼저 한선생님이 가져온 커피를 한잔하고 장비를 챙긴 다음 천천히 농로로 이동하여 들녘 뜸부기가 자주 나타난 농로를 돌아본다.

뜸부기가 우리들의 눈에 띈 시기는 빠를 때는 5월 중순부터이고 5월 말경이나 6월 초부터 짝을 찾아서 거의 오전 10시 이전에 논둑에 나왔고 오후 4시 이후에 석양을 받으면서 또 논둑으로 나와서 사랑의 노래를 불렀다.

수컷 뜸부기는 논을 복토하여 밭으로 개조된 농막이 세워진 뚝 위에서 불그레한 석양 빛을 온몸으로 받아들이듯이, 혼신의 힘을 다하여 노래를 불렀다.

공릉천은 2022년까지 제방 공사를 완공한다고 하더니 2025년 6월 현재도 작업중이며, 논은 밭으로 형질 변경중인 곳이 여러 군데 보이고 어느날 가 보면 비닐하우스를 세워 논은 자취없이 밭으로 바뀌어 있다.

멀리서 25톤 공사 차량이 어디선가 흙을 가득 싣고 달려오면 농로의 약한 곳은 내려앉아 심지어 콘크리트 바닥이 삼각형으로 밀려 올라와 승용차가 다니지 못하는 곳도 생겼다.

또한 농로의 콘크리트가 깨져 길바닥이 움푹 패여 승용차의 바닥을 다 긁어버린 경우도 숱하게 많았다. 이번(금년)이 뜸부기 촬영의 마지막 해려니 하고 생각하면 마음부터 아프다.

70년도까지는 들녘에 뜸부기가 참 많았다고 했는데…….

이제는 귀한 손님이 되었다. 고향에 돌아와도, 이제는 제초제를 마구 뿌려 풀 한 포기 없는 논둑에서 흐느끼듯 그들이 부르는 소리가 긴 여운으로 서산 너머로 사라져 가고 있었다.

2022년에는 세 쌍, 2023년에는 한 쌍을 만났는데, 2025년 6월 3~7일에는 수컷 한 마리만 보이다가 그 수컷마저 보이지 않았다.

요즘은 뜸부기가 벼포기를 접어서 만든 집에 알을 낳아 새끼를 부화하는 것이 아니라 제초제를 뿌리지 않은 농수로 옆이나 논을 밭으로 만들다 만 곳에 알도 낳고 새끼도 부화했다.

그들은 늘 불안했다.

풀 한 포기 자라지 못하게 수시로 제초제를 뿌린 곳에서는 거의 발견할 수 없었고, 제초제를 뿌리지 않고 예초기로 논둑을 다듬은 곳에서만 그들이 찾아들어 날개를 말리거나 기지개를 켜고 있었다.

석양과 닮은 불그스레한 깃털이 점차 우리 곁을 떠나고 있음을 반증해 주는 듯하다.

잃어버린 고향의 소리가 다가왔다가 어둠에 묻혀 가고 있는데……

천연 기념물 서식 환경(뜸부기)

공릉천 주변에는 살충제 살포 회수가 늘어나 벼메뚜기와 못잠자리마저 한 마리 보이지 않는 논이 된 지도 벌써 3년째 접어든 듯하다.

5~6년 동안 강 남쪽에 농막이 5동이나 생겼고, 마을 회관 1동이 들어섰다. 그리고 넓은 황금 들녘을 가로질러 외곽순환 고속도로가 건설중이다.

강 북쪽도 다를 바 없었다. 논을 돋우어 밭이 되고 농막도 3동이나 들어섰다. 강의 범람을 막는 제방 길은 대대적인 공사로 수년째 소음 공해로 가득하다.

뜸부기의 숫자도 해마다 줄어들다가 올해는 수컷 한 마리만 왔다가 3~4일 머물더니 어디론가 사라졌다. 그들이 쉴 곳은 고사하고 잠시 머물기마저 마땅치 않다. 농약과 개발 소음에 도저히 머물 수 없는 환경이 되어버린 것이다.

입을 예쁘게 벌리고 목을 둥글게 말아 목털을 곤추세우며 목 안에서만 울려나오는 소리가 아니라 가슴 속 깊은 곳에서 울려나오는 득음을 한 가객의 사랑 노래였다.

잔잔한 농촌의 들녘에 아침 이슬을 굴리는 노래요, 파아란 잎 사이로 안개를 덮어가는 지상 최고의 소리였다.

그들이 맘놓고 살 수 있는 들녘으로 바뀌어야 한다.

새들이 먹어서 좋지 않는 것은 사람들이 먹어서도 결코 좋을 리 없다.

천적 등 기타 농법을 개발하여 병충해를 방지하고 제초제를 뿌리지 않는 청정한 논으로 거듭 나서, 유익조인 뜸부기가 논마다 짝을 찾고 농부들은 건강한 논으로 풍성한 가을을 맞이하는 황금빛 들녘에서 풍년가를 부르며 함께 공생하는 밝은 우리 농촌의 미래가 되었으면 하는 작은 소망을 걸어 본다.

'오빠 생각'이란 동요 속의 뜸부기가 아련한 꿈속에서만 보아야 하는 황량한 들녘으로 변모하지 않기를 간절하게 염원하며, 명년에도 이 곳에서 다시 만날 수 있기를 조심스럽게 기대해 본다.

논둑 길을 거닐며…….

이것은 쑥,

이것은 쇠비름,

지금은

잃어버린 고향

사라지는 정다움

선정을 베푸는 목민관처럼 논둑에 우뚝 서서 온 들녘을 살피던 뜸부기,

그들이 석양을 등지고 어둠을 향해 가고 있다.

석양을……

어둠을…….

부록

1) 제1집1-1 인도(도감)

인도 뜸부기

96(346) 코라 또는 뜸부기(Watercock)

학명 : Gallicrex cinerea cinerea(Gmelin)

영명 : Kora

기타 명칭 : grey partridge + (회색자고새)

체장 : 약 43 cm

지위 및 분포 · 서식 : R/Ra H/C

(Ra = 규칙적으로 5~20마리가 떼로 다니는 것이 기록됨)

(H = 초식)

(C = 육식)

식별 특징(Diagnostics)

성조 : 비번식 깃은 암컷과 수컷이 유사하고 암컷이 상당히 작다.

상부는 흑갈색이고 하부는 연한 담황갈색 바탕에 미세하고 물결 모양의 어두운 가로 무늬가 있다. 부리는 황색이고 다리와 발은 둔한 녹갈색이다.

번식기의 수컷은 전신이 검은색이며, 상부에는 회색의 비늘 무늬(scally

markings)가 나타난다. 붉은 살질의 전두방패가 정수리 위로 돌출되고, 눈과 다리는 선홍색, 아랫꽁지 덮개깃은 담황색-흰색이다.

유조 : 암컷과 유사하나 하부의 가로 무늬가 덜 발달해 있다.

서식 환경(Habitat)

갈대가 우거진 습지, 저지대의 물이 고인 논과 기타 경작지, 도랑, 연못, 수로 등 수생 식물이 활발한 수역에 서식한다.

습성

이른 아침이나 늦은 저녁에 먹이 활동을 하며, 흐린 날씨에는 낮에도 활동한다. 수컷은 번식기 동안 공격적이며, 북인도에서는 번식기가 6월부터 9월까지이다.

먹이

주로 초식성으로, 농작물과 야생 벼를 먹으며, 이외에도 수생 곤충, 연체 동물도 먹는다.

지위 및 분포

물이 많은 지역에 거주하고 많이 분포되어 있다.

북동 인도에서는 일반적으로 흔하다. 남서 몬순기에는 널리 분산 이동한다. 파키스탄, 네팔, 방글라데시, 스리랑카, 몰디브, 그리고 동남아시아 전반에 분포한다.

95 Chinese Whitebreasted Waterhen

96 Kora

98 Indian Purple Moorhen

101 Bronzewinged Jacana

100 Pheasant-tailed Jacana

nbr

103 Whitetailed Lapwing

102 Oystercatcher

104 Sociable Lapwing

오만에서 기록된 도래성 뜸부기(Gallicrex cineria) 개체를 중심으로 한 뜸부기의 연령 및 성별 판별에 관한 소고(2014년)

STEPHEN MENZIE

2013년 1월 6일, 뜸부기는 Stephen Menzie(저자), Oscar Nilsson, Andrea Wernersson, 그리고 Raul Vicente에 의해 오만(Oman) 남부 도파르(Dhofar) 지역의 카우르 라우리(Khawr Rawri)에서 발견(그림 1)되었다.

이 기록은 오만에서의 4번째 기록이며, 소코트라(2011년)의 기록 이후의 OSME(중서 조류학회) 지역의 5번째 기록이다(Eriksen & Victor 2013, Porter & Suleiman 2011).

카우르 라우리(Khawr Rawri)에서의 발견 이후, Stephen Menzie에 의한 조사가 실시되었다. 이 개체의 연령이나 성별이 믿을 만한 것인지 확인하기 위한 조사였다.

이를 위해 덴마크 자연사박물관(Natural History Museum of Denmark)과 영국 리버풀 세계 박물관(World Museum, Liverpool)에 소장된 표본을 조사하였다. 연구를 위해 가능한 것들은 제한적이었다. 비번식기에 수집된 개체들만 연구 대상으로 고려되었으며, 그 결과, 덴마크 자연사박물관에서 6점, 리버풀 세계 박물관에서 8점의 표본이 포함되었

그림 1) 미성숙 수컷 뜸부기. 오만 남부 도파르 지역의 카우르 라우리에서. 2013년 1월 6일 ⓒ Stephen Menzie

그림 2) 미성숙 수컷 뜸부기. 오만 남부 도파르 지역의 카우르 라우리에서. 2013년 1월 6일 ⓒ Stephen Menzie

다. 조사되는 표본들은 각각 인도(1개), 말레이시아(1개), 인도네시아(1개), 필리핀(2개), 싱가폴(2개), 태국(3개), 미상(2개)에서 수집되었다.

뜸부기는 크기, 그리고 번식기에는 깃에 있어서 두 형태(이중형)를 지닌다(Taylor & van Perlo 1998년). Taylor & van Perlo(1998년)에 따르면 수컷은 암컷에 비해 날개의 길이가 상당히 더 길다. 수컷은 175~224mm이며, 암컷은 163~192mm이다. 머리(꼭대기), 즉 새의 부리 윗선 길이는(이마방패 포함) 수컷은 41~65mm, 암컷은 32~43mm이고, 꼬리는 66~83mm, 53~70mm, 부척골(족근)은 64~78mm, 53~67mm이다.

뜸부기는 단형종이며(Taylor & van Perlo 1998년, Taylor 1996년), 전 범위에서 크기에 변이가 보고된 바 없다. 그러므로 표본의 크기에 따라 성별을 감별하는 것은 합리적으로 간단하다. 전체적인 체격 차이가 충분

그림 3) 미성숙 수컷 뜸부기. 오만 남부 도파르 지역의 카우르 라우리에서. 2013년 1월 6일
ⓒ Stephen Menzie

히 커서, 서로 다른 성별의 표본을 나란히 비교했을 때 그 차이가 명확하게 식별되었다(그림 4). 다리 길이는 수컷이 암컷보다 훨씬 더 길다. 부리의 두께는 추가적인 시각적 참고 사항이 되는데, 야외에서 성별을 감별할 때 유용하다. 평균적인 부리 너비가 수컷은 14.7mm(14.0~15.2mm, n=3), 암컷은 13.0(12.5~13.6mm, n=4)정도 된다. 부리가 부분적으로 벌어진 것이 육안으로 확인된 표본은 측정에서 제외하였다.

뜸부기의 털갈이와 나이 감별에 관한 세부사항은 표준 참고 문헌에는 찾아보기 힘들다(Ali & Ripley 1980년, Grimmett et al 2012년, Porter & Aspinall 2010년, Rasmussen & Anderton 2012년, Roberts 1991년, Taylor 1996년). Ripley & Lansdowne(1984년)는 미성숙 조류에 대해서 다음과 같이 말했다. "성조 암컷과 유사하나 일반적으로 아래에 가로 무

그림 4) 뜸부기 수컷 4개체(왼쪽)와 암컷 4개체 © World Museum, Liverpool

그림 5) 3월에 채집된 뜸부기 표본으로, 미성숙 개체에 해당하는 것으로 판단되는 마모되고 끝이 뾰족한 바깥쪽 초기 깃 © Natural History Museum of Denmark

그림 6) 1월에 채집된 뜸부기 표본으로, 성조에 해당하는 것으로 판단되는 마모가 적고 끝이 둥근 바깥쪽 초기 깃 © Natural History Museum of Denmark

늬가 적게 있고, 더 황갈색이다.” Wells(1999년)는 다음과 같이 말했다. “유조(juvenile)는 홍채가 옅은 회갈색이고, 성조는 진한 갈색이다.” Rasmussen & Anderton(2012년)는 더 가장 자세하게 설명하였다. “ 유조(juvenile)와 미성숙 조류는 암컷과 유사하지만 암컷보다 상부와 머리와 목이 더 적갈색과 담황색을 띤다. 미성숙한 수컷은 전반적으로 더 엷은 회색을 띠고, 일부 개체에서는 머리와 몸통에 눈에 띄는 적갈색과 담황색의 가장자리가 보인다.” 이 문헌에서는 명시적으로 언급되지는 않았으나, 여기서 말하는 미성숙 수컷은 생후 다음 해(second calendar-year)에 획득한 번식깃을 가리키는 것으로 추정된다. 오만에서 이전에 기록된 개체들의 연령이나 성별에 관한 정보는 보고된 바 없다(Eriksen & Victor 2013년).

반면, Porter & Suleiman(2011년)은 소코트라에서 관찰된 개체에 대해 다음과 같이 언급했다. “하부에 가로 무늬가 없고 … 엷은 갈색 정수리는 해당 개체가 미성숙하다는 특징을 보여주는데, 작년에 부화한 것으로 보인다.” 2005년 12월에 호주 Cocos제도에서 온 철새는 가슴에 가로 무늬가 완성되지 않았기 때문에 미성숙한 것(부화한 해)으로 보인다(Chongkin et al 2009년)고 판별하였다.

Taylor & van Perlo(1998)는 초기 깃(primary feathers)의 털갈이가(개별 깃이 순차적으로 교체되는 방식이 아닌) ‘아마도 동시적으로 이루어질 가능성’을 언급하였으나, 유조 이후 털갈이(post-juvenile moult)에 관한 구체적인 정보는 전혀 알려져 있지 않다.

카우르 라우리(Khawr Rawri)에서 발견된 해당 뜸부기 개체와 비교가 가능한 경우는 10월과 4월 사이에 수집된 박물관에 있는 표본으로, 그 당시의 개체들은 대게 번식 깃이 없는 상태다. 우선 출발점으로, 각 표본들의 초기 깃(primary)을 검사하였다. 형태, 마모 정도, 색조를 기준으로 하여 두 부류로 나누었다. (첫째는) 샘플들이 (날개가) 갈색의

그림 7) 미성숙 개체로 판별된 뜸부기의 아랫꼬리덮개깃. © Natural History Museum of Denmark

그림 8) 성조로 판별된 뜸부기의 아랫꼬리덮개깃. © Natural History Museum of Denmark

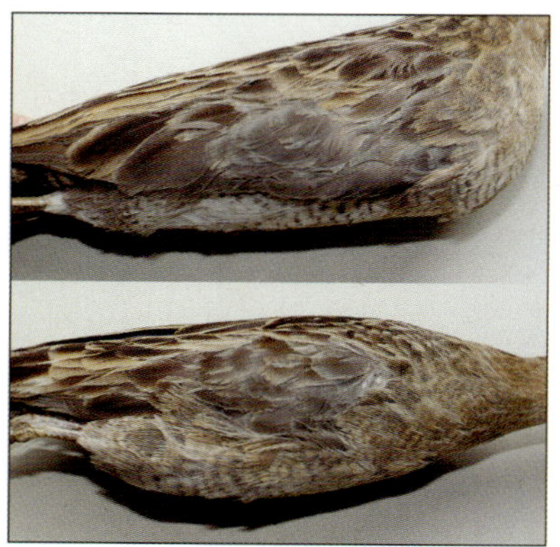

그림 9) 미성숙 수컷(위)과 미성숙 암컷 뜸부기의 날개덮개깃. © World Museum, Liverpool

그림 10) 성조 수컷(위)과 성조 암컷 뜸부기의 날개덮개깃. © Natural History Museum of Denmark

뾰족한 끝을 지니고 명백하게 헤진 바깥쪽 초기 깃을 지녔다(그림 5). (두번째는) 샘플들이 (날개가) 둥근 끝을 지니고 검정색이며, 명백히 덜 헤진 바깥 초기 깃을 지녔다(그림 6).

이런 뜸부기에 관한 특징은 이전에 언급된 바가 없고, 이러한 특징은 다른 뜸부기과(예, 흰눈썹뜸부기)(개인 관찰)와 쇠물닭(Baker 1993년)에서 나이를 결정하는 믿을 만한 기준으로 알려져 있다. 이러한 특징은 뜸부기 표본의 나이를 결정하는 첫번째 절차로 사용되고 받아들여졌다. 관련된 종에서도 같은 원리를 따르면서, 헤지고 뾰족한 바깥쪽 초기 깃은 미성숙한 새(부화한 첫 해-생후 다음 해)와 관련이 있고, 덜 헤지고 더 둥근 바깥쪽 덮개깃은 성조와 관련이 있다고 추정하였다. 나는 이후로 두 집단을 미성숙 개체군(n=9), 성조군(n=5)으로 부르기로 한다. 비록 조사한 피부는 실험에 앞서 나이를 알 수 없었지만 말이다. 미성숙한 새와 성조를 비교하면서, 수많은 깃털의 특징을 찾을 수 있었고, 이는 현장에서 나이를 감별하는 유용한 점이라는 것을 증명하였다.

아랫꼬리 덮개깃

미성숙한 개체의 아랫꼬리 덮개깃은 연한 계피-담황색으로 가로 무늬가 없거나 옅다(그림 7). 성조는 아랫꼬리 덮개깃이 희고, 굵고 짙은 가로 무늬가 있다(그림 8). 이러한 특징은 성별과는 독립적으로 나타난다.

날개 덮개깃

미성숙한 개체의 날개 덮개깃은 전반적으로 갈색톤이고 중앙부에는 더 짙은 갈색 바탕 위에 연한 계피~담황색이 다양한 정도로 얼룩덜룩 분포하고, 깃 가장자리에는 넓은 계피~담황색 깃 가장자리(fringe)가 발달해 있다(그림 9). 성조는 날개 덮개깃이 전반적으로 비교적 균일한 짙은 회색을 띠었고, 깃 중앙부에는 청회색의 분말처럼 은은한 광택(bloom)이 나타나며, 넓은 청회색 깃 가장자리를 지니고 있었다(그림 10). 미성숙한 개체는 가장 큰 날개 덮개깃이 암컷보다 수컷이 덜 얼룩덜룩한 무늬가 있다. 성조는 가장 큰 날개 덮개깃이 수컷은 전반적으로 더 어둡고 푸르스름하며, 암컷은 더 갈색을 띤다.

하부 색조(colour)

하부의 가로 무늬는 암컷보다 수컷에게서 더 두드러진다. 평균적으로 미성숙한 개체는 성조보다 하부의 가로 무늬가 덜 발달해 있었으며, 더 따뜻한 색을 지니고 있다. 물론 두 연령군 사이에는 겹치는 부분도 있긴 하다.

상부 색조(colour)

비록 차이점은 미미하지만, 미성숙한 개체의 상부는 평균적으로 성조에 비해 더 따뜻한 색을 띤다. 수컷은 암컷에 비해 평균적으로 깃 중앙부가 더 어둡고 덜 얼룩져 있다.

정수리 색조(colour)

정수리 색조는 많은 개체들이 비슷하다. 평균적으로 성조들은 정수리가 더 검은색이지만, 많은 경우 색상이 아주 유사해서 나이를 결정하는 데 실제적으로 유용하지 않다. 미성숙한 개체 3점은 정수리가 뚜렷한 갈색이고, 후연에 퍼지듯이 보이며, 섞이면서 뒤통수 쪽으로 향한다. 이러한 갈색을 띠고 후연이 확산된 정수리가 미성숙한 개체의 특징으로 보인다. 그러나 어두워 보이고, 더 경계가 뚜렷한 정수리라는 것이 성조로 진단하는 것에 필수적인 것은 아니다. 또한 수컷은 암컷에 비해 평균적으로 더 검은 정수리를 갖고 있다.

카우르 라우리(Khawr Rawri) 개체

카우르 라우리에서 관찰된 개체는 성기고 불연속적인 가로 무늬와 계피-담황색 아랫꼬리 덮개깃을 지니고 있다(그림 2). 날개 덮개깃은 어두우며, 넓은 갈색~담황색 깃 가장자리가 있고, 청색이나 회색은 보이지 않는다. 이 개체의 하부는 다소 따뜻한 계피색을 띤다. 종합하면, 이 개체는 작년에 부화한 박물관 표본의 미성숙한 새와 같은 범주라는 것으로 추론된다.

추가적으로, 사진으로 보면 그 개체의 홍채가 다소 옅고 회색조라는 것을 보여주었는데(그림 2), 이것은 Wells(1999년)가 유조를 묘사했던 것과 잘 맞아떨어진다. 비록 직접적인 비교는 불가능하지만, 이 개체는 전반적으로 체구가 커 보였으며, 다리가 길고 몸체가 지면에서 높이 떠 있는 듯한 인상을 주었다. 부리는 크고 두툼하였다. 이러한 외견상의 크기와 비율은 표본에서 확인된 수컷의 특징과 일치한다. 또한 옆구리의 비교적 뚜렷한 가로 무늬와 중앙부가 어두운 날개 덮개깃(그림 3) 역시 이러한 판단을 뒷받침한다.

바도다라(Vadodara)에서의 최근 뜸부기(Gallicrex cinerea) 관찰 기록과 구자라트(Gujarat) 중부에서의 분포에 관한 고찰(2019년)

Hiren J. Patel, Keyur H. Naria and Hitesh M. Ameta

뜸부기는 북파키스탄, 히말라야 산기슭을 따라 서부 갠지스 평원에서 아삼 계곡에 이르기까지는 여름철 도래종이다. 반면 동부 갠지스 평원과 남부 아삼 구릉의 저지대에서는 정주하는 것으로 추정되며, 방글라데시 · 몰디브(혹은 여름철 도래종에 한정될 가능성 있음) · 스리랑카 · 안다만 제도 전반에 널리 분포한다(남부 지역에서는 흔한 종으로 기록됨).

 비록 이 종은 인도 반도 지역 전역에 널리 퍼져있지만, 개체 수가 적고 번식은 국지적이다. 중앙 니코바르 제도(Central Nicobars)에서의 관찰 기록도 보고되어 있다(Grimmett, Inskipp and Inskipp, 2011년; Rasmussen and Anderton, 2012년). 뜸부기는 주로 물이 충분히 고인 습지 지역에 정주하며, 몬순 기간 동안에는 광범위하게 이동하는 것으로 알려져 있다(Ali와 Ripley 1980년). 구자라트(Gujarat)에서는 뜸부기가 몬순기에 출현하는 흔하지 않거나 드문 도래종으로 간주되며, 모든 주 전역에 걸쳐 기록이 존재한다(Ganpule, 2016년). 그러나 Parasharya 등(2004년)은 이 종을 구자라트에서 정주하며 번식하는 종으로 기술한 바 있다.

이 종은 분포 범위가 매우 넓고 개체군 감소 추세가 심각하지 않다는 점을 근거로, IUCN(세계자연보전연맹) 적색 목록(IUCN Red List of Threatened Species)에서 관심 대상종(Least Concern)으로 분류되어 있다(BirdLife International 2016년). 뜸부기는 갈대가 우거진 늪(습지), 물에 잠긴 논, 사탕수수 재배지, 수로, 연못, 수생 식물이 이 발달한 수로 등 다양한 서식 환경에서 발견할 수 있다(Ali & Ripley, 1980년; Grimmett 외, 2011년; Rasmussen & Anderton, 2012년).

뜸부기는 혼자 또는 한 쌍을 이뤄서 생활하고, 주로 박명성(crepuscular)이다. 낮 동안에는 은폐된 장소에 머물다가 이른 아침과 늦은 저녁, 또는 흐리거나 잔비가 내리는 날씨에 경계하며 개활지로 나와 먹이 활동을 한다(Ali & Ripley, 1980년). 뜸부기의 번식기는 남서 몬순과 시기가 겹치며, 5월부터 9월까지로 알려져 있다(Ramussen & Anderton, 2012년).

2017년 6월 16일, 일부 구름이 낀 날씨에, 우리는 구자라트 주 바도다라(Vadodara) 인근 코트나(Kotna) 마을 부근의 마히 강(Mahi River)(북위 22.357°, 동경 73.05°)에서 조류 관찰을 수행하고 있었다. 자갈이 많은 강의 연안을 따라 걷던중인 10시 08분 경, 우리는 습지성 지역에서 먹이 활동을 하고 있는 뜸부기류(crake-like) 조류 1개체를 관찰하였다.

우리는 사진을 촬영하였으며, 이후 쌍안경을 이용한 근접 관찰을 통해 해당 개체가 뜸부기 수컷임을 확인할 수 있었다. 이 개체는 뚜렷한 흑색 깃, 정수리 위로 돌출된 선홍색의 살진 '뿔(horn)', 그리고 선홍색의 다리와 눈을 지니고 있었다(그림 1).

그림 1) 코트나(Kotna) 마을 인근 마히 강(Mahi River)의 습지성 지역에서
먹이 활동을 하고 있는 뜸부기 수컷

그림 2) 팀비 관개저수지 인근 갈대류 사이
에서 먹이 활동을 하고 있는 뜸부기
수컷

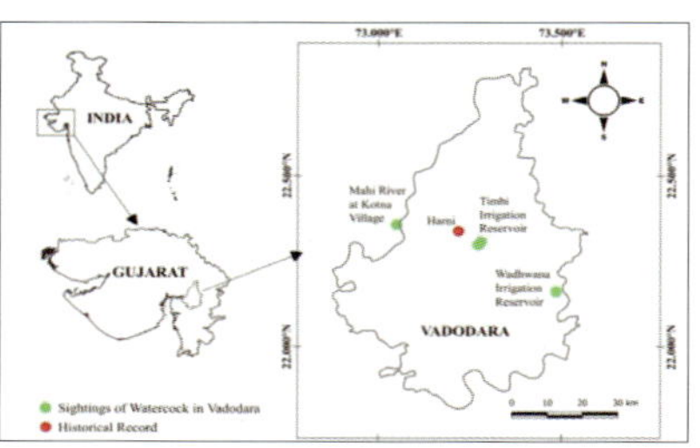

그림 3) 바도다라(Vadodara) 지역에서의 뜸
부기 과거 기록과 최근 관찰 지점을
나타낸 지도

이 종은 해당 지역에서 새로운 기록이었기 때문에, 이후 수일간 집중적인 추가 조사를 실시하였으며, 문헌 자료와 함께 해당 지역의 eBird 기록을 검토하였다. 우리는 또한 가능성 있는 서식지로 4군데의 다른 장소를 조사하였다. 예를 들어, 팀비 관개저수지(Timbi Irrigation Reservoir), 아즈와 저수지(Ajwa Reservoir) · 와드와나 관개저수지(Wadhwana Irrigation Reservoir), 그리고 현재의 뜸부기가 있는 코트나(Kotna) 마을의 마히(Mahi)강이다. 팀비 관개저수지와 와드와나 관개저수지는 근처 지역 농지에 용수를 제공하고, 아즈와 저수지는 바도다라시에 식수를 제공하고 있다. 코트나 마을의 마히강은 소규모 보(check dam)로

인해 물이 저류되어 습지성 서식 환경이 형성되어 있다.

이와 같은 습지는 다양한 수생 식물들이 발달해 있는데 예를 들어, 공심채(Ipomoea aquatica)·나사말(Vallisnaria spiralis)·애기부들·큰부들·야생사탕수수·검정말·어리연속 식물(Nympoides sp), 그리고 사초과(Cyperaceae)이다. 우리는 코트나 마을 근처 마히강(그림 1)에서 팀비 관개 저수지(그림 2)에서 그리고 와드와나 관개저수지에서 뜸부기를 관찰했다. 아즈와 저수지도 가능한 서식지였지만, 어떠한 개체도 발견하지 못했다.

또한, 뜸부기의 현재 분포를 이해하기 위해 현재 연구에서의 관찰 기록(그림 3), 기존 문헌 기록(Pittie 2019)과 eBird와 새 위치 이미지(Oriental Bird Images, OBI)와 같은 온라인 자료의 기록을 종합하여 분석하였다(표 1).

바도다라에는 그 종이 존재했다는 역사적인 기록이 있지만(Littledale 1890), Ali(1954), Padate, Sapna, Devkar(2001), 그리고 Ganpule(2016)에서는 바도다라에서 이 종의 발견에 대해 보고한 바 없다. 또한, Vyas(2018)는 바도다라 인근에서 그 종에 대해 보고하였으나 본 연구진은 그 보다 먼저 그 종을 관찰하였고, 뜸부기가 존재할 수 있는 가능한 서식지를 모두 조사했었다.

그 종은 또한 아메다바드(Ahmedabad) 인근의 날사로바르 조류 보호구역(Nalsarovar Bird Sanctuary)·파리에즈 호수(Pariej Lake), 그리고 케다(Kheda) 지역에서 정기적으로 보고된 바 있다(표 1). 더 나아가, 뜸부기는 바루치(Bharuch)와 수라트(Surat) 지역의 관개가 잘 이루어진 지역에서는 흔한 여름철 도래종으로 나타나며(Patel 2015), 이 지역에서 번식하는 것으로도 알려져 있다(Patel 2017). 뜸부기는 구자라트의 전역에 널리 퍼진 종임에도, 번식 도래종인지, 혹은 구자라트에서 겨울철 도래종으로도 출현하는지에 대해서는 아직 명확하지 않다(Mashru, 2017).

바도다라에서 이 종이 여러 차례 관찰된 바 있어, 뜸부기의 본 지역에서의 출현 양상은 드물거나 비교적 흔하지 않은 수준(rare to uncommon)으로 평가할 수 있다. 이번에 보고된 바도다라 군(district) 내 여러 지점에서의 최근 관찰 기록은, 구자라트 주 내에서의 본 종의 분포에 대한 이해를 확장하는 데 기여한다.

한편 지속적인 서식지 상실과 훼손으로 인해(국제조류보호협회, BirdLife International, 2016년) 뜸부기는 위협에 노출되어 있다. 이에 본 연구진은 구자라트 중부 지역의 조류 관찰가들에게 관개가 잘 이루어진 지역에서 뜸부기에 대한 추가 탐색과 관찰을 수행할 것을 제안한다.

이러한 노력이 향후 본 종의 분포 범위와 개체 수(풍부도)를 보다 정확히 파악하고, 장기적인 보전 전략을 수립하는 데 중요한 기초 자료가 될 것으로 기대된다.

〈표 1〉 구자라트 중부 지역에서의 뜸부기 기록

번호	날짜	위치	수컷	암컷	관찰자	출처
1	1890. 09. 25	바도다라 하르니(Harni)		1	Littledale	Littledale (1890)
2	2014. 10. 28	아메다바드 외곽		1	VP, PM	OBC 웹사이트
3	2015. 07. 13	NBS	4		BR	eBird
4	2016. 08. 20	NBS	1		DS	eBird
5	2016. 10. 16	파리에즈 호수(Pariej Lake)		1	DS	eBird
6	2017. 06. 16	MR	1		HP, KN	본 논문
7	2017. 08. 19	TIR	2		DHS, AC, KS, TS	eBird

8	2017. 09. 20	TIR		1	HP	본 논문
9	2017. 09. 29	TIR	1		HP	본 논문
10	2018. 06. 17	MR	1		HP, KN	본 논문
11	2018.06.25	MR	1		HP, KN	본 논문
12	2018.07.10	TIR	1		HP, HA	본 논문
13	2018.07.23	WIR	1		HP	본 논문
14	2018.08.17	NBS	6		SM	eBird
15	2018.08.18	NBS	1		VP	eBird
16	2018.08.23	TIR	1		DG	eBird
17	2018.10.28	TIR	1		HP	본 논문
18	2018.11.24	WIR		1	DV, AM, KU	eBird
19	2019.07.04	케다(Kheda)	1		Soar Excursions	Facebook
20	2019.07.06	TIR	1		DS	eBird
21	2019.09.14	TIR	1		HP	본 논문

약어 설명

AC : Anup Chavda
AM : Ashok Mashru
BR : Bharat Rughani
DG : Divyesh Ghervada
DHS : Dhyey Shah
DS : Dakshina Sudhir
DV : Dhaval Vargiya
HA : Hitesh Ameta
HP : Hiren Patel
KN : Keyur Naria
KS : Ketan Shah
KU : Kartikbhai Upadhyay
PM : Pankaj Maheria
SM : Saswat Mishra
TS : Trupti Shah
VP : Viral Pankaj

지명 약어

MR : 코트나(Kotna) 마을 인근 마히강(Mahi River)
NBS : 날사로바르 조류 보호 구역(Nalsarovar Bird Sanctuary)
TIR : 팀비 관개저수지(Timbi Irrigation Reservoir)
WIR : 와드와나 관개저수지(Wadhwana Irrigation Reservoir)

코코스(킬링) 제도에서의 뜸부기 기록(2009년)
MOHAMMAD-SAID CHONGKIN1, ISMAIL MACRAE1 & IAN A.W. McALLAN

요약

첫겨울에 북아시아에서 남아시아로 주기적으로 날아왔던 수컷 뜸부기(학명: Gallicrex cinerea)를 2005년 12월에 코코스 제도에서 포획했고, 조사한 후에 방사하였다. 이것이 이 호주 영토에서 뜸부기에 관한 첫번째 문서 기록(호주 희귀 조류 위원회 사례 번호 566번)이다. 다른 기록들은 크리스마스 섬에 있던 뜸부기의 기록들 뿐이다. 또한 본 기록은 호주령에서 사진으로 기록된 최초의 뜸부기 사례이기도 하다.

관찰

2005년 12월 24일, 주저자인 Mohammad-Said Chongkin(MC)와 Ismail Macrae(IsM)은 코코스 제도의 남단을 배를 이용하여 정기적인 조사를 실시했다. 현지 시각 9시 30에 그들은 호스버그 섬(Horsburgh Island)의 외해측에서, 로스 월(Ross Wall)로 알려진 다이빙 지점에서 약 100m 떨어진 해상(약 남위 12°08′, 동경 96°49′)에 위치해 있었는데, 이때 수면 위에 떠 있는 미확인 조류 1개체를 관찰하였다.

개체는 날려고 시도하지 않았고 단지 배가 다가가자 헤엄쳐서 달아나는 정도였다. 개체의 사진을 찍었으며, 그 후 몇 번의 시도 후에 IsM

이 개체를 포획했다. 개체를 배를 태웠고, 다시 사진을 찍었다(그림 1).

MC와 IsM이 웨스트 섬(West Island)으로 상륙 하기 위해 소형 보트로 갈아타려고 하자, 개체는 잠시 달아났다. 개체는 몇 미터를 비행했지만 다시 잡혔다.

이후 개체는 환경 · 유산부(Department of Environment & Heritage) 사무소로 옮겨져 거기서 세번째 사진을 찍고, 면밀하게 조사되었다. 뚜렷한 상처는 발견되지 않았고, 회복이 필요하다고 생각했기 때문에 같은 날 정오에 공항 북쪽에 위치한 노던 라군(Northern Lagoon) 연안을 따라 웨스트 섬에서 방사되었다.

MC와 IsM이 뜸부기에 관해 이용할 수 있었던 문헌 자료는 한정되어 있었고, 주로 호주 야외도감(Simpson & Day, 1996년)에 의존했다. 깃털의 색과 발가락의 길이를 보고, 그 새를 초기에는 왜가리과(Ardeidae)의 일종으로 생각했다.

2006년 11월 21일, 그 사진을 Ian McAllan에게 보여주었고, 그는 이 개체를 뜸부기(Gallicrex cinerea)로 동정하였다. 그 종은 Simpson & Day(1996년)에는 도해되어 있지 않았다. 이때 Robson(2000년) 도감과 비교하면서 또한 이 개체의 종 동정을 확인하였다.

기재(Description)

본 기재는 당시 촬영된 사진들(그림 1)을 주된 근거로 작성되었다.

그림 1) 코코스 제도 호스버그 섬 인근 해상에서 포획된 뜸부기로,
환경·유산부 사무소에서 촬영됨 ⓒ Parks Australia

구조

그 개체는 분명히 rail(뜸부기과 조류)였다(그림 1). 그 개체는 강하고
곧으며 두툼한 부리를 갖고 있으며, 부리에는 초기 단계의 전두방패
(incipient frontal shield)가 있고, 부리는 전두방패를 합해서 48mm로
측정되었다. 작고 둥근 머리와 긴 목과 긴 몸통을 갖고 있다. 짧은 꽁
지는 서 있을 때 위로 향한다. 날개는 접혔을 때 꽁지보다 길다. 그리
고 긴 다리과 발을 지니고 있다. 이러한 일반적인 외양은 자색쇠물닭
(Porphyrio porphyrio)과 유사하다. 코코스 제도에 함께 살고 있는 흰
배뜸부기(Amaurornis phoenicurus)나 담황색띠무늬뜸부기(Gallirallus
philippensis)보다 체격은 크다.

깃(plumage)

머리와 목

정수리와 뒷목은 전반적인 담황색 바탕에 잘게 얼룩덜룩 갈색 점무늬를 띠고 있다. 전체적으로 갈색이다. 각 눈은 앞쪽에서 아래까지 갈색을 띠고 있으며, 여린 담황색의 눈썹을 지니고 있다. 이 눈썹은 뺨에서 턱과 앞 목까지 원을 그리며 내려가 있다(그림 1).

하부

하부는 담황색이었으며, 상부 가슴에는 흐릿한 갈색 가로 무늬, 옆구리 깃에는 가로 무늬가 나타났다. 배와 아래꼬리 부위는 관찰되지 않았다.

상부

아랫목과 등의 깃은 짙은 갈색 바탕에 굵은 무늬가 있으며, 가장자리는 넓게 적갈색-담황색을 띤다. 날개깃은 특히, 어깨깃(scapulars), 세번째 줄의 비행깃(tertials) 및 두번째 줄의 비행깃(secondaries)은 등과 유사한 무늬를 보였으나, 초기 깃(primaries)은 가장자리에 미세한 담황색 테두리만 있어, 날개 바깥쪽은 짙은 갈색으로 보인다.

꽁지

위꽁지의 덮개깃도 어두운 갈색 바탕이며 가장자리는 미세한 담황색이다. 꽁지깃은 전반적으로 어두운 갈색으로 보인다(그림 1).

노출부

다리와 발은 황색 같은 잿빛이고, 부리는 황색이며, 윗부리 끝부분과 부리마루(ridgeline), 그리고 각 콧구멍 뒤쪽에서 초기 형성 단계의 전두방패에 이르는 부위에는 갈색이 나타났다. 홍채는 녹갈색(또는 적갈색)이다.

논의

종에 대한 동정(Identification)

그 개체는 뜸부기과(Rallidae)였다. 형태가 유사한 다른 유사종은 왜가리과(Ardeidae)에 속하는 해오라기류(bitterns)와 꿩과(Phasianidae)에 속하는 메추라기류 및 꿩류가 있다.

그러나 소형 해오라기류는 더 긴 부리와 가는 다리를 갖고 있고, 본 개체는 있는 (부리의) 전두방패(shield)가 없다. 제도에 서식하는 꿩과 조류로는 녹색야계(Gallus varius)와 반야생 적색야계가 있으며, 이들은 더 짧은 다리와 더 짧은 발가락, 끝이 아래로 굽지 않은 더 짧은 부리를 가지고 있다. 또한 이 섬 군도에서는 이들 외에 다른 꿩과 종이 기록된 바 없다.

현지에 상주하는 뜸부기과 종은 흰배뜸부기(Amaurornis phoenicurus)와 담황색띠무늬뜸부기(Gallirallus philippensis)뿐이다. 이 뜸부기들은 호스버그 섬의 개체보다 훨씬 더 작았고, 저자(논문의 저자)들은 이 새들을 잘 알고 있었다. 전자(흰배뜸부기)는 어두운 회색과 흰색 깃을 갖고 있고, 굵은 무늬는 없다. 후자는 진한 적갈색 정수리에 상부는 거무

스름한 깃으로 덮여 있고, 다양한 흰색 점박이 무늬가 있다. 또한, 하부
는 뚜렷하고 가는 가로 무늬가 있다.

쇠뜸부기(Crex crex)의 상부의 깃 무늬는 호스버그 섬에서 발견된 개
체의 깃 무늬와 유사하다. 그런데 쇠뜸부기는 뜸부기보다 작은데, 총 길
이가 10cm가 더 짧다(Taylor & van Perlo 1998년).

또한 쇠뜸부기는 뚜렷한 황적갈색의 날개 덮개깃을 가지고 있다.

호스버그 섬의 개체들은 많은 '야외도감'에서 찾을 수 있는 뜸부기
의 도해와 일치한다(예컨대, MacKinnon & Phillipps 1993년; Coates &
Bishop 1997년; Taylor & van Perlo 1998년; Robson 2000년).

연령 판별(Ageing)

해당 개체는 번식깃을 지닌 성조 수컷은 아니었는데, 그런 개체들은 대
게 전두방패 근처에 작은 돌기가 생기고, 짙은 청회색이 되기 때문이다.

비번식기 수컷·암컷과 유조, 그리고 첫겨울(first-winter) 개체는 모두
유사한 굵은 무늬가 있고, 갈색과 담황색 깃으로 되어 있다(Johnstone
& Darnell 2004년).

차이점은 주로 크기이다. 비번식기 수컷은 크기가 더 크고, 자색쇠물
닭(Porphyrio porphyrio)의 상한 크기와 비슷하다. 암컷은 하한 크기에
근접하다(Robson 2000년).

Ripley(1977년)는 뜸부기의 부리와 전두방패를 합한 측정 결과로 수
컷은 47~50mm, 암컷은 37~43mm로 제시하였지만, 표본 수는 명시하
지 않았다. Taylor & van Perlo(1998년)은 20개체의 수컷을 대상으로
조사한 결과 41~65mm(평균 53.1mm, 표준 편차 6.1mm), 20개체의 암컷

은 32~43mm(평균 38.8mm, 표준편차 2.5mm)였다. 이에 따라 본 개체는 48mm라는 측정값에 따라 수컷일 가능성이 높다.

또한 유조라기보다는, 12월 24일이라는 관찰 시기와 가슴의 가로 무늬가 불완전하다는 점을 종합하면, 첫겨울(first-winter) 수컷인 것으로 유추할 수 있다.

분포 및 이동(Status)

뜸부기는 아시아 내에서 이동한다. 북반구의 번식지는 파키스탄에서 인도를 통해 동쪽인 중국 · 한국 · 일본으로, 남쪽으로는 몰디브 · 스리랑카 · 수마트라 · 말레이반도, 인도차이나반도 · 필리핀으로 간다(Ali & Ripley 1983년; Van Marle & Voous 1988년; Dickinson et al. 1991년; Taylor & van Perlo 1998년; Robson 2000년).

분포 범위의 북부에 서식하는 개체는 겨울철에 남쪽으로 이동하여 싱가포르와 대순다열도(Greater Sundas)에 이르며, 술라웨시(Sulawesi)와 소순다열도 서부(western Lesser Sundas)에서의 고립된 기록도 보고되어 있다(White & Bruce 1986년; Van Marle & Voous 1988년; Coates & Bishop 1997; Robson 2000년).

이것이 코코스 제도에서의 뜸부기의 최초 기록이고, 호주희귀조류위원회에 공식적으로 인정되었다(사례 번호 566번).

이 종(뜸부기)은 크리스마스섬에서 최소 네 차례 보고되었다. 1972년 12월과 1월에 여러 개체가 관찰되었으며(Van Tets 1974년), Tony Stokes가 1982년 1월에 1개체를 관찰하였고(Stokes 1988년), 1999년 12월 30일에 Phil Hansbro가 미성숙 개체 또는 암컷 1개체를 관찰한 것이 BARC에 의해 인정되었으며(호주희귀조류위원회 사례번호 283번; Hansbro 2000년), 2002년 3월 8일에 David James가 미성숙 개체 또는 암컷 1개체를 관찰한 것이 BARC에 의해 인정되었다(호주희귀조류위원회 사례번호 346번; Palliser 2004년). 이 종(뜸부기)은 다른 호주 지역에서는 전혀 발견된 기록이 없다.

크리스마스섬은 인도네시아에 있는 자바섬과 불과 360km 정도 떨어져 있고, 그래서 이동 개체가 본래 가려던 월동지를 지나쳐 도달했을 가능성이 있다. 인도네시아 술라웨시와 소순다반도의 기록도 같은 관점으로 볼 수 있다.

반면 코코스 제도는 아시아 본토보다 훨씬 멀리 있으며, 스리랑카에서 약 2500km 더 떨어져 있으며, 수마트라와 자바로부터는 920km 더 멀다. 이러한 지리적 여건을 고려하면 코코스 제도의 도래 기록은 크리스마스 섬에 비해 훨씬 가능성이 낮다. 그럼에도, 최근 조류 관찰자들의 방문이 증가하면서, 코코스 제도에는 도래종의 기록이 증가하고 있다.

모내기 전에 뜸부기를 촬영하다가 만난 중대백로. 밀뱀이 중대백로의 부리를 감고 있다.